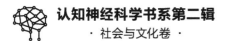

认知神经科学书系第二辑

·社会与文化卷·

丛书主编 杨玉芳

妒忌的
认知神经科学

汪 强 关顺平◎著

The Cognitive
Neuroscience of Envy

科学出版社

北 京

内 容 简 介

本书跨越心理学、社会学和神经科学领域，为我们揭开了妒忌这一复杂情感的神秘面纱。全书共九章，首先，采用社会认知的视角，深入分析了妒忌情绪是如何从个体与他人的比较中产生，以及这种比较是如何影响个体的自我评价和行为的，并进一步阐释了妒忌在社会交往中的多种影响；其次，探讨了妒忌情绪的神经基础，通过 fMRI 和 EEG 等技术揭示妒忌激活的特定脑区，以及这些脑区如何与情绪体验、社会比较和决策相关联；最后，综述了妒忌在管理学、消费心理学等领域的实际应用。书中还提供了针对妒忌的干预措施，旨在帮助读者更好地理解和管理妒忌情绪，减少其负面影响，并在个人和职业生活中实现更积极的互动。

本书适合心理学和神经科学领域的研究者、社会学学者、教育工作者、企业管理者以及学生阅读，不仅可为专业人士提供学术上的深刻见解，也能为广泛的读者群体提供引人深思的阅读体验，有助于读者更好地理解自己和他人，提升情感智慧，并以更深刻的方式探索人类情感的多样性和复杂性。

图书在版编目（CIP）数据

妒忌的认知神经科学 / 汪强，关顺平著. -- 北京 ：科学出版社，2025.5.
（认知神经科学书系 / 杨玉芳主编）. -- ISBN 978-7-03-081862-1

Ⅰ. B842.6

中国国家版本馆 CIP 数据核字第 20255MD485 号

责任编辑：孙文影　冯雅萌 / 责任校对：何艳萍
责任印制：徐晓晨 / 封面设计：有道文化

科学出版社 出版

北京东黄城根北街 16 号
邮政编码：100717
http://www.sciencep.com

北京建宏印刷有限公司印刷
科学出版社发行　各地新华书店经销

*

2025 年 5 月第 一 版　开本：720×1000　1/16
2025 年 5 月第一次印刷　印张：12 3/4　插页：2
字数：223 000

定价：118.00 元
（如有印装质量问题，我社负责调换）

丛 书 序

PREFACE TO THE SERIES

　　认知神经科学是 20 世纪后半叶兴起的一门新兴学科。认知神经科学将认知科学的理论与神经科学和计算建模等方法结合起来，探索人类心理与大脑的关系，阐明心智（mind）的物质基础。这是许多科学领域共同关心的重大科学问题，对这个问题的新发现和新突破，将会深刻影响众多科学和技术领域的进展，深刻影响人们的社会生活。

　　在心理学领域，人们曾经采用神经心理学和生理心理学的方法和技术，在行为水平上进行研究，考察脑损伤对认知功能的影响，深化了对脑与心智关系的认识。近几十年来，神经影像技术和研究方法的巨大进步，使得人们得以直接观察认知活动和静息状态下大脑的激活模式，促进了对人类认知的神经生物学基础的认识。另外，在神经科学领域，人们以人类认知的心理学理论模型和实证发现为指导，探索神经系统的解剖结构与认知功能的关系，有望攻克心智关系研究的核心和整体性问题。可见，认知科学与神经科学的结合，把这两个科学领域的发展都推进到了前所未有的崭新高度，开创了一个充满挑战与希望的脑科学时代。

　　认知神经科学对传统的认知心理学、生理心理学、神经心理学与神经科学进行相互交叉、综合集成，采用跨学科的研究方法和路径，不仅可以在行为和认知的层面上，而且可以在神经回路、脑区和脑网络等层面上探讨心智与脑的关系。这种探索不局限于基本认知过程，还扩展到了发展心理学和社会文化心理学领域。其中，基本认知过程研究试图揭示感知觉、学习记忆、决策、语言等认知过程的神经机制；发展认知神经科学将发展心理学与神经科学和遗传学结合起来，探讨人类心智的起源和发展变化规律；社会文化认知神经科学将社会心理、文化比较与神经科学结合起来，研究社会认知的文化差异及其相应的神经机制差异。

在过去的几十年中，认知神经科学获得了空前的繁荣和发展。在世界上，许多国家制定了脑科学发展的科学目标并投入了巨额经费予以支持。大规模的认知神经科学学术会议吸引着来自不同学科领域的众多学者的参与。以认知神经科学为主题的论文和学术著作的出版也十分活跃。在国内，学者们在这一前沿领域也做了很多引人注目的研究工作，产生了一定的国际影响力。

值得欣喜的是，国家层面对脑与认知科学的发展作了一系列重要的部署和规划。在新世纪之初即建立了"脑与认知科学"和"认知神经科学与学习"两个国家重点实验室，设立了 973 项目、国家自然科学基金重大项目等，对认知神经科学研究给予长期稳定的资助。《国家中长期科学和技术发展规划纲要（2006—2020年）》将"脑科学与认知科学"纳入国家重点支持的八大科学前沿问题。在 2016 年召开的全国科技创新大会上，习近平总书记指出，"脑连接图谱研究是认知脑功能并进而探讨意识本质的科学前沿，这方面探索不仅有重要科学意义，而且对脑疾病防治、智能技术发展也具有引导作用"[①]。"十三五"规划纲要强调，要强化"脑与认知等基础前沿科学研究"，并将"脑科学与类脑研究"确定为科技创新 2030 重大科技项目之一。在"十四五"规划纲要中，"人工智能"和"脑科学"等成为未来五年具有前瞻性和战略性的国家重大科技项目；纲要指出脑科学与类脑研究的重点方向是脑认知原理解析、脑介观神经连接图谱绘制、脑重大疾病机理与干预研究、儿童青少年脑智发育、类脑计算与脑机融合技术研发。

在脑与认知科学学科发展前景的鼓舞下，科学出版社和中国心理学会启动了"认知神经科学书系"的编撰和出版工作。目前已完成第一辑的出版和发行。国家对于脑科学发展的持续推动和支持，激励我们在前期工作的基础上继续努力，启动第二辑的编撰和出版工作，并根据新近提出的脑科学研究的重点方向，进一步选好书目和作者。科技图书历来是阐发学术思想、展示科研成果、进行学术交流的重要载体。一门学科的发展与成熟必然伴随大量相关图书和专著的出版与传播。作为国内科技图书出版界"旗舰"的科学出版社，于 2012 年启动了"中国科技文库"重大图书出版工程项目，并将"脑与认知科学书系"列入了出版计划之中。考虑到脑科学与认知科学涉及的学科众多，"多而杂"不如"少而精"。为

---

① 习近平同志在全国科技创新大会、两院院士大会、中国科协第九次全国代表大会上的讲话．（2016-05-30）． https://cast.org.cn/art/2016/5/31/art_358_31799.html.

保证丛书内容相对集中，具有一定代表性，在杨玉芳研究员的建议下，书系更名为"认知神经科学书系"。

2013 年，科学出版社与中国心理学会合作，共同策划和启动了大型丛书"认知神经科学书系"的编撰工作，确定丛书的宗旨是：反映当代认知神经科学的学科体系、方法论和发展趋势；反映近年来相关领域的国际前沿、进展和重要成果，包括方法学和技术；反映和集成中国学者所作的突出贡献。其目标是：引领中国认知神经科学的发展，推动学科建设，促进人才培养；展示认知神经科学在现代科学系统中的重要地位；为本学科在中国的发展争取更好的社会文化环境和支撑条件。丛书将主要面对认知神经科学及其相关领域的学者、教师和研究生，促进不同学科之间的交流、交叉和相互借鉴，同时为国民素质与身心健康水平的提升、经济建设和社会可持续发展等重大现实问题提供一定的科学知识基础。

丛书的学术定位有三。一是原创性。应更好地展示中国认知神经科学研究近年来所取得的具有原创性的科研成果，以反映作者在该领域内取得的有代表性的原创科研成果为主。二是前沿性。将集中展示国内学者在认知神经科学领域内取得的最新科研成果，特别是具有国际领先性、领域前沿性的研究成果。三是权威性。汇集国内认知神经科学领域的顶尖学者组成编委会，选择国内的认知神经科学各分支领域的领军学者承担单本书的写作任务，以保证丛书具有较高的权威性。

丛书共包括三卷，分别为认知与发展卷、社会与文化卷、方法与技术卷，涵盖了国内认知神经科学研究的主要方向与主题。在第一辑中，三卷共有 8 本著作出版发行。即将出版的第二辑，依然分为三卷，将有更多著作陆续出版。

丛书第一辑的编撰工作由中国心理学会出版工作委员会、普通心理和实验心理专业委员会两个分支机构共同组织。中国科学院心理研究所杨玉芳研究员任主编，北京大学吴艳红教授任编委会主任。清华大学刘嘉教授（时任北京师范大学心理学院院长）在丛书的策划和推动中曾发挥了重要作用。丛书的单册作者汇集了国内认知神经科学领域的优秀学者，包括教育部"长江学者"特聘教授、国家杰出青年科学基金获得者、中国科学院"百人计划"入选者等。在第二辑编撰工作启动时，我们对丛书作者队伍进行了扩充。

在丛书第一辑的编撰过程中，编委会曾组织召开了多次编撰工作会议，邀请丛书作者和出版社编辑出席。编撰工作会议对丛书写作的推进十分有益。它同时也是学术研讨会，会上认知神经科学不同分支领域的学者们相互交流和学习，拓展学术视野，激发创作灵感。这一工作制度，在第二辑编撰过程中继续实行。

科学出版社的领导和教育与心理分社的编辑对本丛书的编撰和出版工作给了高度重视和大力支持。丛书第一辑入选了"十三五"国家重点出版物出版规划项目，部分著作获得"国家科学技术学术著作出版基金"的资助。经过数年的不懈努力，已有 8 本著作正式出版，获得了很好的反响。即将出版的第二辑，是近期完成并进入出版程序的著作。这一辑更新了著作的封面设计，将以崭新的面貌与读者见面。

希望丛书能对我国认知神经科学的发展起到积极的作用，并产生深刻和久远的影响。

丛书主编　杨玉芳

编委会主任　吴艳红

2022 年 6 月 12 日

前　言

FOREWORD

　　妒忌是人类情感中一种极具复杂性和普遍性的现象，它跨越文化、性别与历史，被文学、哲学、宗教及艺术反复探讨。长期以来，妒忌都被认为是影响人际关系和社会动态的重要力量。然而，直到最近，随着心理学、认知科学以及神经科学的迅猛发展，我们才得以从科学的角度来探讨这一古老而又迷人的话题，特别是其背后的心理和神经机制。尽管社会认知神经科学蓬勃发展，但是关于妒忌的认知神经科学系统知识梳理依旧欠缺，这极大地限制了我们对于妒忌这一普遍社会现象的认知。为了进一步完善对于妒忌的全面认识，同时为了补充"认知神经科学书系"中的社会认知分支，我们组织精兵强将，历时三年形成了最终的书稿——《妒忌的认知神经科学》。本书融合了心理学、社会学和神经科学等多学科的研究进展，系统总结和概括了妒忌的内涵与外延，特别强调从心理学和神经科学角度阐述妒忌如何在人脑中运行及其可能的心理机制。

　　本书在撰写过程中充分考虑到读者的广泛背景，旨在使书籍内容对于各类读者都具有可读性和易懂性。因此，我们在保证内容完整性和科学严谨性的前提下，尽量避免引入深奥的生理学理论和复杂的模型公式，以免增加读者的理解负担。相反，我们选择了一种直观的方式来呈现相关的学科知识，力求使复杂的神经科学变得平易近人。本书共九章，分别涉及妒忌的概述、研究方法、影响因素、对其他心理过程的影响、理论、神经机制、发展轨迹、应用与干预以及被妒忌的相关内容。本书由汪强和关顺平共同执笔。通过这本专著，我们寄希望能够在理论和实践层面架起桥梁，为学术界、教育界、心理治疗领域提供关于妒忌这一课题的全面而深入的洞见，同时也希望这本书能激发读者对妒忌这一情感特质的进一步思考与研究，促进该领域研究的持续发展与突破。

　　本书能够最终出版，首先要感谢中国科学院心理研究所杨玉芳教授和我的博士导师北京师范大学心理学部薛贵教授，他们在写作过程中提供的大力指导和鼓励，促使本书得以顺利撰写完成；其次，感谢我的研究生刘畅、黄梦甜、李寒冰和葛悦等，他们不辞辛苦、秉烛待旦地进行文献的收集、整理、修订，才使得本书能够早日面世。另外，特别感谢青年教师胡莹、朱叶、朱莹莹、叶木旺在本书撰写过程中给予的帮助和支持。同时还要感谢孙文影编辑等在本书撰写过程中提出的很多宝贵意见，正是他们的专业素养和认真干事的态度，以及身上散发的激情和坚持，才促使本书的顺利出版。最后，本书的出版还得益于天津师范大学海外高层次人才项目（5RL2002）、国家自然科学基金（32000786）、天津市科技计划项目（23JCYBJC00910）和语言认知科学教育部重点实验室（北京语言大学）开放课题（24KFKT0206）的资助，在此一并感谢。

本书在编写过程中参考了大量的国内外学术文献资料，并引用了很多优秀学者的科研成果，在此向这些专家和学者致以诚挚的谢意。此外，虽然我们在本书的结构设计和文字表达上投入了大量的心血，力求尽善尽美，但难免会存在一些不足之处。我们衷心希望读者朋友们不吝赐教，提出宝贵的意见和建议。我们坚信，本书的问世并非终点，而是一个新的起点。随着我们对妒忌认知神经科学的不断深入探索和广大读者宝贵反馈的积累，本书将不断地进行修订和完善，以期达到更高的学术水平和应用价值。

汪　强

2024 年 11 月

目　　录

CONTENTS

缩 略 语 表

ACC	anterior cingulate cortex	前扣带回皮层
AD	Alzheimer's disease	阿尔茨海默病
ADHD	attention deficit and hyperactive disorder	注意缺陷多动障碍
AS	Asperger syndrome	阿斯伯格综合征
ASD	autism spectrum disorder	孤独症谱系障碍
BeMaS	Benign and Malicious Envy Scale	善意和恶意妒忌量表
BOLD	blood oxygen level-dependent	血氧水平依赖
bvFTD	behavioural variant frontotemporal dementia	行为变异型额颞叶痴呆
C-BRES	Cognitive Behavioural Responses to Envy Scale	妒忌认知和行为反应量表
dACC	dorsal anterior cingulate cortex	背侧前扣带回皮层
Deoxy-Hb	deoxygenated hemoglobin	脱氧血红蛋白
DES	Dispositional Envy Scale	特质妒忌量表
dlPFC	dorsolateral prefrontal cortex	背外侧前额叶皮层
dmPFC	dorsomedial prefrontal cortex	背内侧前额叶皮层
DS	dorsal striatum	背侧纹状体
DSES	Domain-Specific Envy Scale	领域特定妒忌量表
DWI	diffusion weighted imaging	弥散加权成像
EEB	emotional egocentricity bias	情绪自我中心偏见
EEG	electroencephalogram	脑电图
EES	Episodic Envy Scale	情境妒忌量表
EF	executive functions	执行功能
ERP	event related potential	事件相关电位
ESE	explicit self-esteem	外显自尊
FI	fluid intelligence	流体智力

FRN	feedback-related negativity	反馈负波
fMRI	functional magnetic resonance imaging	功能性磁共振成像
fNIRS	functional near-infrared spectroscopy	功能性近红外光谱技术
GABA	γ-aminobutyricacid	γ-氨基丁酸
GAD1	glutamate decarboxylase 1	谷氨酸脱羧酶 1 基因
GLM	general linear model	广义线性模型
HFA	high functioning autism	高功能孤独症
HLM	hierarchical linear model	多层线性模型
HRF	hemodynamic response function	动力学响应函数
IAT	Implicit Association Test	内隐联想测验
IFG	inferior frontal gyrus	额下回
ISE	implicit self-esteem	内隐自尊
LPP	late positive potential	晚期正电位
MEG	magnetoencephalography	脑磁图
MFG	middle frontal gyrus	额中回
MMN	mismatch negative	失匹配负波
mPFC	medial prefrontal cortex	内侧前额叶皮层
MRI	magnetic resonance imaging	磁共振成像
NAcc	nucleus accumbens	伏隔核
NEO-PI-R	Revised NEO Personality Inventory	修订版大五人格量表
NMR	nuclear magnetic resonance	核磁共振
OFC	orbitofrontal cortex	眶额皮层
OPM	optically pumped magnetometer	原子磁力计
OXT	oxytocin	催产素
OXTR	oxytocin receptor gene	催产素受体基因
Oxy-Hb	oxyhemoglobin	氧合血红蛋白
OSS	objective social status	客观社会地位
PDP	process dissociation procedure	加工分离程序
PFC	prefrontal cortex	前额叶皮层
PVN	paraventricular nucleus	下丘脑的室旁核
ReHo	regional homogeneity	局部一致性
rs-fMRI	resting-state fMRI	静息态功能性磁共振成像
SCM	stereotype content model	刻板印象内容模型

SEM	self-evaluation maintenance	自我评价维持
SERF	spin-exchange relaxation-free	无自旋交换弛豫
sMRI	structural magnetic resonance imaging	结构性磁共振成像
SQUID	superconducting quantumn interference device	超导量子干涉仪
STG	superior temporal gyrus	颞上回
STS	superior temporal sulcus	颞上沟
TBF	to be forget	忘记的项目
TBR	to be remember	记住的项目
tDCS	transcranial direct-current stimulation	经颅直流电刺激
ToM	theory of mind	心理理论
TPJ	temporoparietal junction	颞顶交界处
TSO	trait-state-occasion model	特质–状态–情境模型
vmPFC	ventromedial prefrontal cortex	腹内侧前额叶皮层
VS	ventral striatum	腹侧纹状体

绪　论

　　妒忌是自古以来的经典主题。在《三国演义》中，关羽因战功显赫而受到曹操的赏识，被封为汉寿亭侯，并获赠锦袍和赤兔马。这让蔡阳、秦琪叔侄患上了"红眼病"，叔侄二人处处与关羽为难，企图在黄河渡口暗杀关羽。而在现实生活中，由妒忌引起的负性社会事件也屡见不鲜。2023 年，湖南省娄底市一名 7 岁女孩被 17 人围殴，原因竟然是妒忌女孩长得漂亮。2018 年，中国科学院研究生谢某在迎接老同学周某时，被周某刺杀身亡，周某作案后还摆出胜利者的姿势。究竟是什么使周某心智扭曲、对同窗好友惨下杀手？据知情人士透露，谢某曾劝周某别再沉迷网络游戏，对此周某怀恨在心，加上曾比自己学习成绩稍差的谢某学业有成，而自己因沉迷游戏导致退学，周某心生妒忌，最终酿成惨剧。2019 年，江苏镇江某小区电梯因故障直降。调查发现，竟是另一栋楼的 15 岁男孩因妒忌同学家有电梯而破坏了电梯……

　　妒忌是世界各国文化中无法回避的普遍现象。《白雪公主》中的后母因为妒忌白雪的美貌，三次行凶试图杀害白雪公主。2016 年，俄罗斯发生了一起悲剧，一名 19 岁女子 Elizaveta Dubrovina 因为妒忌妹妹的美貌，对妹妹实施了极端暴力行为。英国中世纪作家乔叟说："所有的罪恶都是某种美德的反面，但妒忌是所有美德的反义词。"（乔叟，2013）妒忌仿佛是一团燃烧的火焰，从内心的深处侵袭着我们。自古以来，这种独特而强烈的情感一直伴随着人类，塑造着历史、文化和心灵。它是我们在面对他人的成功、财富、美丽和幸福等优秀的特质时所感受到的情感波动。它掺杂着自卑的感受，是我们生活中难以回避的一部分。正如切斯特菲尔德曾言："人们对那些使自己产生自卑感的人总是心怀恨意。"（转引自 Epstein，2003）当我们看到别人取得辉煌成就或享受幸福时，妒忌之火在我们心头熊熊燃烧，敲响内心的警钟。

但妒忌不仅仅是一头只会带来灾难和折磨的"洪水猛兽"，它也有创造性和积极的一面。于社会而言，妒忌虽然可能带来愤恨、混乱和犯罪，但也具有重要的社会功能。正如赫尔穆特·舍克指出的："妒忌是一种必备的社会警告手段和社会监督功能。"（Schoeck，1969）于个人而言，它可以推动人与人之间良性的竞争，促使我们追求更高的目标，打造自己渴望的优势，成为自己想要成为的样子。它是一种强大的魔法，既可以驱动我们前进追逐耀眼之光，又可能将我们的心智拖入痛苦和罪恶的深渊。它既可以激励我们超越自己，也可能将我们引向自我怀疑和自我毁灭之路——因为妒忌的存在，我们可能对他人产生恨意，就像是爱上了别人的一颗明珠，恨不得把它偷入自己的囊中，或者将一抹灰尘涂在上面使它黯淡无光。但是，请记得，同样因为爱上了别人的一颗明珠，这也有可能为我们带来好的一面：我们有可能产生提升自我的强烈动机，因此着力打磨自己手里的原石，让自己也能拥有闪闪发光的珠宝。可见，善用妒忌的力量，才能发挥它的价值。

第一章

妒忌概述与分类

妒忌是正常人性中最令人遗憾的一种性情，善妒之人虽然希望制造不幸，若能逃避惩罚便会付诸行动，但他自己也会因为妒忌而不幸福。他不因自己的拥有而幸福，却因他人的拥有而不快。有了机会，他会去损人，在他看来，这跟利己同样重要……不过，幸好人性中还有一种叫作仰慕的情感可作补偿，凡想提升生活的幸福感，一定都希望增加仰慕，减少妒忌。

——伯特兰·罗素（Russell，2015）

　　本章，我们将深入剖析妒忌这一复杂的情绪现象。妒忌横跨西方与东方文化，始终是备受关注的话题。它不仅隐蔽，而且极具影响力，驱动着人们的行为。本章将从多个维度解读妒忌，通过梳理妒忌的概念、分类，细致区分妒忌与嫉妒，以及探讨不同类型的妒忌，如恶意妒忌和善意妒忌、特质妒忌和情境妒忌等，旨在帮助人们清晰认识妒忌，掌握识别与应对妒忌的方法，引导人们善用妒忌情绪，实现自我成长与人际关系的和谐。

第一节　妒忌概述

一、妒忌的概念

　　无论是在西方文化还是东方文化中，妒忌都是一个古老又永恒的话题。在西方文化中，妒忌作为"七宗罪"的一员，与其他六胞胎——傲慢、暴怒、懒惰、贪婪、暴食和色欲——如影随形。然而，在这七宗罪中，妒忌却显得尤为特殊。Epstein（2003）曾深刻指出，妒忌无处不在，它就像一股暗流，悄悄渗透到其他六宗罪之中。首先，贪婪常常源于妒忌，当看到别人拥有比我们更多的东西时，我们心中难免涌起一种渴望，想要拥有更多，这种渴望逐渐演变成贪婪。其次，淫欲和暴食的背后，也隐藏着妒忌的影子。当看到别人生活得风流潇洒，吃着山珍海味时，我们难免心生妒忌。暴怒之中，也少不了妒忌的推波助澜，只是相对于更易外显的怒意，妒忌比较隐蔽，更不易被察觉。骄傲与妒忌更是紧密相连，当自我膨胀感受到挑战时，妒忌便会悄然滋生。而妒忌与懒惰也有着密切的联系：当看到他人取得成功，而你难以望其项背时，你是不是曾产生破罐子破摔的念头呢？

　　在东方文化中，余秋雨等（1999）在《关于嫉妒》一书中写道："当西方的智者们在思考如何消减嫉妒的时候，中国的智者们却在规劝如何躲避嫉妒。"从屈原在《离骚》中提到的因"众女嫉余之蛾眉兮，谣诼谓余以善淫"而感到"悔相道之不察兮，延伫乎吾将反"，进而选择躲避妒忌、远离昏暗的官场；到孔子在《论语》中提出"见贤思齐焉，见不贤而内自省也"，教导人们向优秀他人学习，而不是妒忌他人；再到朱用纯在《朱子家训》中提倡"人有喜庆，不可生妒忌心；人有祸患，不可生喜幸心"，这些古往今来的教导，让我们更是对妒忌讳莫如深。

更为特别的是，妒忌本身就是一种极具隐蔽性的情绪。我们往往不愿意向他人坦白自己的妒忌，甚至有时都没有意识到自己已经深陷妒忌的情绪泥沼之中。然而，如此潜踪隐迹的妒忌却常常成为我们行为背后的隐秘动机，驱动着我们做出一些可能连自己都未曾意识到的选择。

鉴于妒忌的重要性及其隐蔽性的特点，我们迫切需要揭开其神秘的面纱，一窥其真实面貌。唯有正视这种情绪的力量，我们才能更好地驾驭它，而非受其摆布。那么，究竟如何定义"妒忌"呢？从语义学的视角来看，在《辞海》中，"妒"字意指"因他人的优秀而心生忌恨"（夏征农等，2000）；在《说文解字》中，"忌"字则代表憎恶之情（许慎，1963）。《现代汉语词典》（第7版）对"妒忌"一词的解释为"忌妒"，即"对才能、名誉、地位或境遇等胜过自己的人心怀怨恨"（中国社会科学院语言研究所词典编辑室，2016）。而在《牛津英语词典》（*The Oxford English Dictionary*）中，"envy"一词有多重含义，包括恶意或敌对的情感、因渴望的事物为他人所得而产生的自卑与敌意，以及渴望获得与他人相同优秀之物的愿望。根据韦氏修订的词典，妒忌被定义为"目睹他人之优秀或好运时所产生的懊恼、羞愧、不满或不安，并伴有一定程度的仇恨与追求同等优势的渴望"（Porter，1913）。从哲学的角度来看，亚里士多德将妒忌视作"他人好运所引发的痛苦"（Aristotle，1686），而罗素则认为它是"人类最普遍且深层的情感之一"（Russell，2015）。在象征意义上，中国人常用"红眼病"来形容妒忌之情，而西方人则常用"green eyes"或"I'm green with envy"来表达类似的情感。妒忌作为一种复杂的情绪和社会现象，受到了心理学、社会学、人类学、经济学和神经科学等诸多学科的广泛关注。在当今心理学界，妒忌被界定为：当他人拥有自己渴望却不可及的事物（如名誉、地位、金钱、外貌等）时，个体内心所体验到的痛苦情绪（吴宝沛，张雷，2012）。

本书对妒忌的解读呈现出其定义的多元性。一方面，从情绪研究的层面来看，妒忌是一种复合情绪，它在个体面对比自己优秀的人时涌现，同时交织着自卑、焦虑与渴望等多种感受。这种情绪不仅复杂多变，而且深刻地影响着个体的内心世界。另一方面，人格心理学则从相对稳定的人格特质视角来考察妒忌，认为它在不知不觉地地影响着个体看待世界的方式。在面对他人的优秀表现时，妒忌特质较高的个体更容易产生妒忌情绪，从而对其行为和认知产生长远的影响。除此之外，本书还将妒忌视为一种综合的体验，认为它包含三种不同的成分。首先，它涉及对社会比较情境的认知成分，即个体如何理解和评估自己与他人之间的差距。其次，它包含复杂的负性情绪体验成分，如自卑、愤怒、失落等，这些情绪共同构成了妒忌的情感内核。最后，它还涉及行为反应成分，即个体在面对妒忌情绪时可能采取的行动或应对策略。综上所述，妒忌是一个多维度、多层面的概念，它既可以被视为情绪层面的表现，也可以被视为人格层面的特质，同时还可以被视为涉及认知、情感和行为等多个方面的综合体验。因此，我们需要全面而深入地理解妒忌，以便更好地理解和干预这种情绪，从而促进个人的身心健康与社会的和谐发展。

在深入探讨妒忌的定义时，我们清晰地认识到妒忌具有明确的指向性。这一特性可以被形象地比喻为一位射手拉弓射击麋鹿鹿角的场景。这个画面由三个核心元素构成：妒忌者（the envious person）——那位手持弓箭的射手；被妒忌者（the envied person）——那只优雅的麋鹿；优势（advantage）——麋鹿鹿角，也是妒忌之箭的目标。在这幅画面中，妒忌之箭自妒忌者之手射出，指向被妒忌者。其中，妒忌者即那些因他人的某些特质或成就而产生妒忌情绪的人，他们是妒忌情绪的发起者；被妒忌者则是那些受到他人妒忌的对象，他们是妒忌情绪的接收者；优势则指的是被妒忌者所拥有但妒忌者所缺乏的特质或资源，这些优势可能是令人艳羡的容貌、深厚的学识、财富和地位等。

此外，妒忌情绪极具内隐性。首先，人们不愿意在他人面前表达自己的妒忌情绪。尽管妒忌在人际交往中频繁出现，但受到社会行为准则和文化背景的制约，人们往往避免公开表达这一情绪。其次，妒忌情绪中还蕴含着一定的敌意成分，而敌意容易引起他人的警惕与排斥，这也是人们倾向于不向他人透露自己妒忌情绪的原因之一。人们非但难以向他人表达自己的妒忌，甚至有时难以向自己坦诚自己的妒忌。这是因为，承认妒忌往往伴随着自卑感的产生。毕竟，承认妒忌即意味着承认自己在某个领域相较于他人有所不足，这种自我认知往往导致负面的自我评价。而且人们会给"妒忌"这种情绪打上罪恶的标签，这促使人们更不愿意承认自己产生了妒忌情绪。不过，值得注意的是，有时我们也会以玩笑的方式使用"妒忌"一词，以表达对他人的祝福和欣赏。例如，当我们说"我真妒忌你能在海边度过这么美好的假期"时，我们的内心可能并没有真正感受到自卑或恨意，也并非真的渴望度假，而只是以幽默的方式表达对他人美好经历的羡慕和赞美。

鉴于上述种种原因，人们往往将妒忌视作一头凶猛的怪兽，仿佛它就是打开灾难之门的潘多拉魔盒。但事实上，妒忌是一把双刃剑。Cohen-Charash（2009）深入剖析了妒忌的两种导向：自我导向和他人导向。自我导向的妒忌反应聚焦于个体自身，当产生妒忌时，持有自我导向的个体可能更容易出现抑郁、焦虑等负面情绪，进而可能激发其产生自我提升的动力，促使个体积极采取行动，以缩小自己与被妒忌者之间的差距。这种自我导向的妒忌虽然带有一定的痛苦，但也蕴含了自我成长的潜力。相反，他人导向的妒忌反应则以贬低他人为核心。在情绪层面，它可能导致个体对他人产生敌意，这在一定程度上体现了妒忌的破坏性和消极影响。而在行为层面，他人导向的妒忌可能促使个体做出贬损他人及其优势的行为。这些行为无疑加剧了人际关系的紧张，对妒忌者自身产生消极影响。因此，我们应对妒忌情绪持有客观的态度，既要看到它消极的一面，也要善用其积极的一面。通过理智地面对和处理妒忌，我们可以将其转化为自我提升和成长的动力，而非陷入无休止的负面情绪和行为中。

究竟有哪些因素会影响妒忌的强烈程度呢？Smith 和 Kim（2007）揭示了产生妒忌的四个先决条件：①妒忌者与被妒忌者在某些人口学信息上具有相似性，如性别相同，或者是家庭背景、地域相近，这种相似性似乎更容易引发妒忌情绪，因为它使得两者的可比性增强，且在有限的资源争夺里构成了一种潜在的竞争关系。②优势的自我相关性也是影响妒忌的重要因素，即妒忌者所重视的优势与被妒忌者所拥有的优势之间的吻合度。例如，当 A 在钢琴比赛中获得一等奖时，如果 B 也参加比赛并渴望获得同样的荣誉，那么 B 可能会对 A 产生强烈的妒忌情绪。反之，如果 B 对钢琴比赛并不在意，那么他的妒忌程度可能会大大降低。③一个人对实现目标的感知控制度也会影响妒忌的产生，感知控制度越低，妒忌的强度往往越大。个体如果觉得目标遥不可及、难以实现，则更容易滋生妒忌情绪。试想，如果你看到 C 买了一个苹果，而你知道买苹果对自己而言也是轻而易举的，你可能还没来得及妒忌就立马去买苹果了。④妒忌者对于被妒忌者是否值得拥有某个优势的主观判断也是一个重要的影响因素。如果妒忌者认为对方不值得拥有这个优势，或者觉得自己不应该处于劣势，那么妒忌情绪很可能会加剧。例如，当看到有人通过不正当手段赢得竞选时，我们可能会觉得他德不配位，从而产生更强烈的妒忌感。值得一提的是，后两个因素在区分善意妒忌和恶意妒忌时起到了关键作用。当妒忌者觉得处境相对公平且可控时，他们更可能体验到善意妒忌而非恶意妒忌。相反，如果他们认为处境不公或对方不值得拥有优势，那么其产生恶意妒忌的可能性就会提高。这两种不同类型的妒忌在心理效应和社会影响上都有所不同，本章第二节将会有详细介绍。

二、妒忌与嫉妒

日常生活中，人们经常混用"妒忌"和"嫉妒"的概念，其实两者有明显不同的适用场景。罗伯特·莱希博士在《为什么嫉妒使你面目全非》（原版书名是 *The Jealousy Cure*：*Learn to Trust*，*Overcome Possessiveness*，*and Save Your Relationship*）一书中对"妒忌"和"嫉妒"进行了辨析：与"妒忌"不同的是，"嫉妒"通常产生于三人或三人以上的竞争关系中，其中至少有一个人会获得比其他人更多的关注与优势。当事人担心因第三方导致亲密关系受到威胁而产生焦虑、憎恨情绪，此时便产生了嫉妒（罗伯特·L.莱希，2018；Leahy，2018）。"嫉妒"发生的最典型的情况莫过于男女关系，但不仅限于此。在汉语语境中，人们往往使用"嫉妒"来涵盖所有"嫉妒"和"妒忌"的情绪。同样，在英语语境中，这种混淆也时有发生，"jealousy"的语义范围要广于"envy"："jealousy"可以表达"jealousy"和"envy"，而"envy"的语义是模糊的。由于概念界定不清，有些早期研究混淆了"妒忌"和"嫉妒"的概念，如张建育（2004）的研究便混淆了这两个概念，但其实两者的含义有着本质不同（Parrott & Smith，1993；Smith et al.，1999）。

（一）妒忌和嫉妒的区别

妒忌和嫉妒的区别主要表现在以下几个方面：①发生情境不同。妒忌通常发生在他人具有自己不具备但是渴望具备的优秀品质、成就或所有物时，如 A 妒忌 B 的业绩比自己优秀；而嫉妒通常发生在亲密关系受到第三方的威胁时（Smith & Kim，2007；史占彪等，2005），如情侣中的一方对第三方的敌意，或者孩子嫉妒父母对其他孩子有更优越的关照等。②涉及领域不同。妒忌可以发生在多个领域，如物质财富、人格特质、个人形象、社会地位等；而嫉妒仅发生在亲密关系、人际关系，尤其是爱情关系中。③涉及人物不同。妒忌通常在两个人或两个不同群体的社会比较中产生，由相对劣势者（妒忌者）指向相对优势者（被妒忌者）；而嫉妒通常涉及三角关系，嫉妒者感知到（真实的或假想的）第三方获得了所爱之人的关注，从而对第三方产生敌意。现有研究认为，在嫉妒情绪中，第三方是必不可少的（史占彪等，2005）。④情感体验不同。妒忌者会因自己处于相对劣势而产生羞耻、挫败、自卑、渴望和敌意等情绪，并且可能因为妒忌情绪不被社会认可而加以否认或感到羞愧。而嫉妒则会让当事人产生对背叛的恐惧、对关系的不信任、焦虑和愤怒等情绪（Smith & Kim，2007；吴宝沛，张雷，2012）。⑤社会接受程度不同。因为妒忌比嫉妒带有更强的敌意，所以妒忌的社会接受程度低于嫉妒，具有较强的隐蔽性（吴宝沛，张雷，2012）。⑥体验强度不同。Smith 等（1999）比较了妒忌和嫉妒的不同情感成分，结果表明嫉妒通常比妒忌的体验强度更大。⑦涉及研究领域不同。妒忌更多地与社会比较、生活满意度、自我价值、社会公正、经济学、消费心理学、管理心理学等领域的发展有关，而更好地了解嫉妒有助于加深人际关系、爱情、人格、临床心理学等领域的研究。⑧神经机制不同。妒忌激活的是前扣带回皮层（anterior cingulate cortex，ACC）（参与冲突控制、社会性痛苦以及处理身体疼痛），而参与嫉妒的脑区存在性别差异，当产生嫉妒时，女性的后颞上沟（superior temporal sulcus，STS）（与察觉他人意图或违反社会规则行为有关）激活更多，而男性的杏仁核（amygdala）、下丘脑区域（与性、攻击行为相关）激活更多（Takahashi et al.，2009）。我们将妒忌和嫉妒的区别汇总在了表 1-1 中。

表 1-1 妒忌和嫉妒的区别

类别	妒忌	嫉妒
发生情境	他人具有自己不具备但是渴望具备的优秀品质、成就或所有物时	当事人恐惧因为第三方而失去一段重要的关系
涉及领域	多个领域	亲密关系、人际关系等
涉及人物	两个人或两个不同群体：妒忌者和被妒忌者	三方：嫉妒者、被嫉妒者、想获得关注的对象
情感体验	羞耻、挫败、自卑、渴望和敌意等，有时也会因为妒忌情绪不被社会认可而加以否认或感到羞愧	对背叛的恐惧、对关系的不信任、焦虑和愤怒等
社会接受程度	妒忌带有的是更强的敌意，通常不被社会接受，因而具有较强的隐蔽性	嫉妒带有的是愤怒情绪，更容易被社会所接受
体验强度	相对较弱	相对较强
涉及研究领域	社会比较、生活满意度、自我价值、社会公正、经济学、消费心理学、管理心理学等	人际关系、爱情、人格、临床心理学等
神经机制	无性别差异，普遍激活前扣带回皮层（参与冲突控制、社会性痛苦以及处理身体疼痛）	有性别差异：女性的后颞上沟（与察觉他人意图或违反社会规则行为有关）激活更多，男性的杏仁核、下丘脑区域（与性、攻击行为相关）激活更多
举例	A 获得了一等奖，B 虽然渴望但最终没有获得。B 可能会感到失落和受挫，从而妒忌 A，也可能会因自己妒忌而产生内疚感	A 的伴侣 B 和其他人 C 交往密切，A 可能会担心 B 离开自己，从而嫉妒 C

（二）妒忌和嫉妒的共变性

虽然妒忌和嫉妒之间存在着诸多不同之处，但它们有一定的共变性（co-occurrence）（Smith & Kim，2007）。两者有时可能会同时发生，这也是人们经常混淆"妒忌"和"嫉妒"概念的原因。比如，竞争对手通常因为具有一些令人妒忌的特质而对个体造成威胁，从而引起个体的嫉妒（DeSteno & Salovey，1996）。DeSteno 和 Salovey（1996）的实验结果显示，被试对竞争对手的妒忌程度越大，嫉妒程度也越大。Parrott 和 Smith（1993）也证明了妒忌和嫉妒同时发生的趋势，研究者让被试写下他们经历强烈妒忌或者强烈嫉妒的情况，对这两种情绪的描述进行编码后发现，59%的嫉妒描述中包含了妒忌，而只有 11.5%的妒忌描述中涉及嫉妒。比如，当你所在意的关系受到第三方威胁时，你可能会因此而关注第三方所具备的优势，因此会对第三方产生妒忌。也就是说，嫉妒促进了妒忌的产生。但是，当人们产生妒忌时，却并不一定会促进嫉妒的产生。

正是由于这种共变性，许多书籍或文献资料中混淆了"妒忌"和"嫉妒"的概念，比如，上海教育出版社出版的《心理大辞典》中没有收录"妒忌"词条，而该书对"嫉妒"的定义是：与他人比较，发现自己在某些方面不如他人而产生的一种交织着愤怒的复合情绪，是一种爱和恨的特殊结合，既羡慕别人有某些东西，又恨别人拥有自己得不到的某些东西（林崇德，2003）。研究者发现，地位相近、年龄相仿、水平程度相同的人之间更容易产生妒忌（Festinger，1954）。另外，妒忌会受到个体的思想品质、道德情操和文化修养的影响，如果处理不好，会对个体产生一些消极后果，影响人际关系，甚至会导致越轨行为。但心理学界倾向于认为上述释义对应的是"妒忌"的概念，而非"嫉妒"。

第二节　妒忌的分类

妒忌作为一种复杂的情感，其表现形式多种多样。根据不同的分类标准，我们可以将其细分为以下几种类型：①恶意妒忌和善意妒忌；②特质妒忌和情境妒忌；③外显妒忌和内隐妒忌；④一般妒忌和领域特定妒忌；⑤外在妒忌和内在妒忌。下文将对每种类型的妒忌进行详细介绍。

一、恶意妒忌和善意妒忌

"妒忌"历来被人们视作罪恶的象征，其中一个主要原因在于它往往与"敌意"这种情感紧密相连。于是，妒忌是否真正包含敌意成分，成为学术界热议的焦点。早期的研究者普遍认为，妒忌是融合了自卑、敌意和怨恨的复杂情绪，这种包含敌意的妒忌被称作"真正的妒忌"，或称"恶意妒忌"（Smith et al.，1999；吴宝沛，张雷，2012）。但也有一些学者（van de Ven et al.，2009）提出了不同的观点，他们认为存在一种不包含敌意的妒忌，这种妒忌更类似于模仿和学习的正面情感，被称为"善意妒忌"。善意妒忌的持有者并不会对他人产生敌意，反而对他人充满钦佩和欣赏，他们通过效仿他人和努力提高自己，以追求达到与优秀者同样的水平。事实上，在不同的文化背景下，人们用不同的日常用语来区分这两种妒忌。在汉语中，人们用"崇拜""羡慕"来表达对他人优秀品质的向往，而"妒忌"则更多指向由他人优秀所引发的敌意；在德语中，"beneiden"一词传达的是积极向上的妒忌情感，而"missgönnen"则代表了妒忌的敌意形式；俄语中则通过"белая зависть"（白色妒忌）与"чёрная зависть"（黑色妒忌）来区分这两种不同的心理状态。由此可见，妒忌并非单一的情感，而是包含了多种复杂的情绪成分，需要我们以更加细致入微的视角进行理解和分析。

理论学家深入探讨了善意妒忌与恶意妒忌之间的核心区别，认为关键在于是否存在敌意这种情感成分。恶意妒忌，由于其内在的敌意意味，一直是妒忌研究领域的重点关注对象。而另一类被称为"善意妒忌"或"无恶意妒忌"的情感状态，则完全不包含敌意的元素。从这个角度来看，善意妒忌更倾向于是一种"崇拜"的情感表达，而非传统意义上的妒忌（Smith & Kim，2007；van de Ven et al.，2009）。正是因为缺少了"敌意"这一关键要素，善意妒忌在情感体验和可能产生的后果上与恶意妒忌有着本质上的不同。那么，为何仍将善意妒忌这种情感归类为妒忌的一种呢？部分学者提出了他们的见解：虽然善意妒忌没有敌意成分，但它依然包含了因他人比自己优秀而产生的痛苦和沮丧情绪，因此，它依然可以被视为妒忌的一种类型（Lange & Crusius，2015）。善意妒忌实际上是经过净化的妒忌，它剔除了敌意成分，保留了对优秀的向往和追求。

除了"是否含有敌意成分"这一核心差异之外，善意妒忌与恶意妒忌之间还存在以下三点明显区别。首先，从发生频率来看，相较于恶意妒忌，善意妒忌在日常生活中可能更为普遍和更为常见（Smith & Kim，2007）。这意味着人们在多数情况下更倾向于以欣赏和学习的态度面对他人的优秀，而非充满敌意。其次，两者的行为动机截然不同。善意妒忌激发的是一种自我提升和学习他人的动机，它推动人们朝着拥有自己所渴望事物的方向努力，呈现出一种针对自我的上升趋势。相反，恶意妒忌则更多地表现为一种针对他人的下降趋势，其动机在于损害被妒忌者及其优势，以满足自身的不平衡感（van de Ven et al.，2009）。最后，在行为结果上，善意妒忌与恶意妒忌的影响截然不同。善意妒忌往往能够激励人们做出建设性的行为，推动个人和社会的进步，而恶意妒忌则可能引发破坏性后果，对个人和社会造成负面影响（Smith & Kim，2007）。

正如英国作家 Dorothy Sayers 所深刻洞察的那样:"妒忌是最有效的平衡器,它微妙地调整着妒忌者与被妒忌者之间的差距。倘若妒忌未能推动妒忌者自我提升以达到平衡,那么它往往会将被妒忌者拉低至相似的低水平。"(Sayers,2011)在这个过程中,妒忌者为了克服自卑感,既可能选择积极努力、提升自我,直至达到与被妒忌者相同的水平,也可能采取消极手段,试图将被妒忌者拉入自己的境地。那么,究竟是哪些因素在幕后操纵着这两种截然不同的方向?又是什么因素影响着一个人对妒忌情感的善意或恶意解读?哲学与心理学领域对此提供了各自独特的见解。

在哲学领域,一些学者指出,妒忌者的关注点——是聚焦于他人的优势,还是聚焦于被妒忌者本身——在很大程度上决定了个体感受到的是善意妒忌还是恶意妒忌。古希腊哲学家亚里士多德便提出了两种与妒忌紧密相关的情绪概念,在希腊语中分别被称作"phthonos"和"zēlos"。虽然这两种情绪都源于对他人优势的痛苦感受,但它们的关注点却大相径庭。"phthonos"是一种因他人拥有自己所无之物而产生的痛苦情绪,即便自己并不渴望拥有这件东西。这种情绪下的个体更倾向于关注"他人比自己优秀"的事实,并可能因此产生攻击他人的冲动。相比之下,"zēlos"则更多地表现为个体对他人所拥有的且自己渴望拥有的优势的羡慕,在这种情绪的驱使下,个体更倾向于关注"渴望的事物",并可能因此激发自我提升的动力,以缩小自己与被妒忌者之间的差距,而不是过分关注被妒忌者本人。值得注意的是,在社会接受程度上,"phthonos"往往被视为一种更负面的情绪,其社会接受程度相对更低(Protasi,2016)。表 1-2 汇总了恶意妒忌和善意妒忌的区别与共同点。

表 1-2 恶意妒忌和善意妒忌的区别与共同点

类别	恶意妒忌	善意妒忌
别称	真正的妒忌;黑妒忌	被净化的妒忌;白妒忌
共同点	当别人具备自己不具备的事物时,产生自卑和沮丧的痛苦情绪	
区别 1:是否有敌意成分	有	无
区别 2:发生频率	较少	较多
区别 3:行为动机	贬低他人(下降趋势)	提升自己(上升趋势)
区别 4:行为方式	破坏性行为	建设性行为
区别 5:关注点	关注他人	关注自己
区别 6:感知控制感	感知控制感水平低,认为自己不能取得像他人那样成功的优势	感知控制感水平高,认为自己可以通过努力取得成功
区别 7:他人优势应得性	应得性低	应得性高

心理学领域的学者认为，感知控制感在个体体验妒忌情感的过程中扮演着举足轻重的角色，影响个体感知到的是恶意妒忌还是善意妒忌（Miceli & Castelfranchi，2007；Smith & Kim，2007；van de Ven et al.，2009）。对成功的希望和对未来的乐观态度，可以增强个体对结果的控制感，从而使个体产生善意妒忌。如果当事人认为自己有能力获得与被妒忌者相同的优势，那么他的关注点将转向提升自己，以缩小自己与妒忌者之间的差距，这种妒忌是良性的。如果当事人对未来缺乏希望，认为自己的劣势是不可以改变的，那么他与优秀他人做比较时则容易出现自卑和无望情绪。在这种情况下，妒忌者可能会倾向于破坏被妒忌者所拥有的优势，此时容易产生恶意妒忌。

此外，如果妒忌者认为被妒忌者的优势是值得的，那么其较容易产生善意妒忌，反之，则容易产生恶意妒忌（van de Ven et al.，2012）。比如，你参加了一次培训选拔且这次选拔仅有一个名额，而你落选了。此时，如果竞争者凭借其充分的学识和出色的能力而竞选上，你可能会觉得有些羡慕，并以他为榜样来提升自己；但如果竞争者是靠"走后门"而竞选上的，你可能会产生不公平感和敌意。

恶意妒忌与善意妒忌虽然各有其独特之处，但并非彼此隔绝。有研究表明，个体在特定情境下可以同时体验到这两种情绪（van de Ven et al.，2009）。比如，在应得性程度不同的情境下，个体可能会产生不同程度的善意妒忌和恶意妒忌。应得性程度是指个体面对他人所获得的好运或不幸时，个体认为他人是否"应得"的心理评估。这种评估通常基于个体的价值观和社会规范，反映了个体对公平和正义的认知。通过操纵"应得性"这一变量，研究者发现，在应得条件下，善意妒忌的感受更为强烈，而在不应得条件下，恶意妒忌占据主导地位（van de Ven et al.，2009）。这一发现揭示了善意妒忌与恶意妒忌之间的复杂关系，它们既是相互冲突的情绪，又在一定程度上相互联系。此外，跨种族研究为我们提供了更深入的见解。比如，在韩国这样注重相互依存的文化背景下，人们更容易感受到善意妒忌与恶意妒忌交织在一起的复杂情绪；而在类似美国这种更强调个人独立的文化背景下，人们则更倾向于分别体验到这两种情绪（Ahn et al.，2023）。这一研究结果同时表明，文化背景在塑造个体对妒忌情感的体验上起着重要作用。综上所述，恶意妒忌与善意妒忌在不同情境和文化背景下共同出现，既相互依存又相互对立。

二、特质妒忌和情境妒忌

在人类情感的幽暗森林中，妒忌是最狡猾的猎手。它潜伏在社会比较的阴影里，既可能化身为性格中的慢性毒药，也可能突然以情境为契机爆发为烈焰。我们或许都曾在某些时刻被它灼伤，却未必意识到：妒忌并非单一的情绪，而是以两种截然不同的面孔示人——一种深植于人格的幽暗之根，另一种则在具体事件中闪现其锋利的刃。正如情感事件理论（affective events theory，Weiss & Cropanzano，1996）所揭示的那样，人类的情绪反应既可能被内在特质驱动，也可能被外部情境点燃。特质妒忌类似于一种人格特质，具有相对稳定性，它可能长期存在并影响个体的情绪体验；而情境妒忌则通常是指在单次的社会比较场景中产生的妒忌情绪，它可能较为短暂，并随着情境的改变而波动。

相比于情境妒忌，特质妒忌是指惯用比较和妒忌的目光看待他人的方式，它伴随着长期且反复出现的自卑感，使得个体在面对他人的成就时容易产生不良情绪（Smith et al.，1999）。这种特质并非由单一事件引发，而是个体在成长过程中逐渐形成的，几乎成为他们看待周围世界的一种"有色眼镜"。罗素在《幸福之路》（*The Conquest of Happiness*）中探讨妒忌的章节里指出，特质妒忌往往源于童年早期父母对待自己与其他兄弟姐妹的方式。这种早期经历如同在心灵深处播下一颗种子，随着岁月的流逝，逐渐生根发芽，成为个体性格中难以磨灭的一部分（Russell，2015）。特质妒忌水平较高的人，常常不自觉地将自己的状态与他人的状态进行比较。无论是在现实生活中，还是在想象中，他们总能找到比自己优秀的人，这种持续对比使他们难以感受到内心的平静与满足。这种比较不仅加剧了他们的自卑感，还使他们在生活中更多地体验到绝望和痛苦的情绪。在这些情绪的驱使下，他们往往难以保持冷静和理智，并且容易受到妒忌的操控而做出不理智的行为。他们可能会为了赶超他人而不择手段，甚至不惜牺牲自己的幸福和健康。这种生活方式不仅让他们自己深受其害，也可能对周围的人造成负面影响。关于特质妒忌的描述，可以参见罗素的《幸福之路》中的相关章节，此处列举一个片段：

"是的"，妒忌的人说，"这是一个阳光明媚的春日，鸟儿在歌唱，花儿在盛开，但我明白西西里岛（Sicily）的春天比我的花园里的春天美丽千倍，鸟儿在海利肯（Helicon）的小树林里歌唱得更动听，莎伦园（Sharon）的玫瑰比我花园里的任何一朵都更可爱。"而正如他所认为的那样，太阳是暗淡的，鸟儿的歌声变成了无意义的颤音，花似乎不值得一时的关注。（Russell，2015）

Smith 等（1999）在编制特质妒忌量表（Dispositional Envy Scale，DES）时深入剖析了特质妒忌的复杂结构，将其细化为两种核心成分：自卑感和敌意。这两种成分在特质妒忌中相互交织、相互影响，共同构成了特质妒忌情绪的独特表现。首先，自卑感是特质妒忌的一个重要组成部分。在社会比较的过程中，个体往往会将自己的表现与他人进行比较。当个体认为自己相对于他人表现较差，并且将这种表现不佳归因为自身因素时，自卑感便油然而生（Smith et al.，1999）。这种自卑感不仅使个体感到自我价值受到贬低，还可能引发一系列负面情绪，如沮丧、焦虑等。若长时间处于这种状态，个体可能会对自己的能力和价值产生怀疑，进一步加剧自卑感。其次，敌意是特质妒忌的另一个核心成分。当个体在社会比较中感受到挫折时，这种挫折感可能会转化为愤怒或敌意。尤其是在面对他人的优势时，如果这种优势被认为是不可改变或无法控制的，妒忌者则更容易产生敌意情绪（Testa，1990）。这种敌意不仅针对那些比自己优秀的人，还可能扩展到与那些人相关的事物或群体中。敌意情绪的存在使得个体更容易产生攻击性行为，甚至可能采取报复性行动来使自己达到心理失衡。

有趣的是，Smith 等（1999）进一步深入探讨了特质妒忌得分与被试在社会比较情境中感受到的妒忌程度之间的关联性。在其研究中，被试需要参与两个实验环节。在实验开始之前，被试需要自己写一个匿名代号，写在两次问卷的背面（这样可以确保匿名性，减少社会赞许性对被试报告真实情绪的影响，从而使被试更容易报告真实的妒忌程度）。在第一个环节中，被试需要填写 DES 和其他量表。在第二个环节中，被试需要评估一名医学专业学生的采访录像。在播放录像前，实验人员告知被试需要判断该录像是否适合呈现在大学图书馆里（其实这是一个表面目的①）。事实上，录像分为两种条件：优越条件和普通条件。在优越条件下，该学生学业成绩优异、课外活动丰富、朋友众多，而且有很大希望能够考入梦想院校继续深造；而在普通条件下，该学生在各方面表现平平。为了排除外貌等额外变量的影响，两段录像的主角均由同一学生扮演，且随机给被试呈现两段录像中的一段。在评估完录像后，让被试填写一系列测试题，以此来评估他们的妒忌程度（按 0—9 计分，0 代表"一点也不妒忌"，9 代表"非常妒忌"）。

结果显示，相比于普通条件，观看优越条件录像的被试报告了更高程度的妒忌；DES 得分高的被试比得分低的被试报告出更多的妒忌；实验条件和 DES 得

---

① 在有些实验中，如果事先告知被试实验的目的，这可能会引发霍桑效应（即被试可能做出主试所期待的行为，而这并不是客观的），所以实验前需要先告知被试一个虚假的实验表面目的。但出于伦理原则，被试有权知道实验的目的，所以要在实验完成后向被试进行解释。

分的交互作用显著，表明被试在比较情境中的妒忌程度受到 DES 分数的调节。简单效应分析结果表明，对于 DES 得分较高和中等的被试，情境的操纵能够有效诱发被试的妒忌情绪；但是对于 DES 得分低的被试，情境操纵不能有效诱发被试的妒忌，如图 1-1 所示。

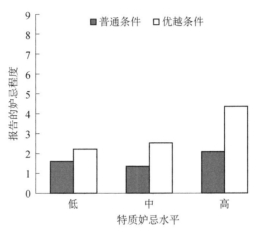

图 1-1　DES 得分高、中、低组被试在比较情境中的特质妒忌程度（Smith et al.，1999）

接下来，我们将深入剖析情境妒忌的复杂内涵。妒忌并非完全源自个体的人格特质，即便是那些在日常生活中鲜少表现出妒忌的个体，也可能在特定的社会比较情境中因自感不如他人而体验到妒忌。这种由特定社会比较情境触发的、暂时性的妒忌情绪称为情境妒忌。Epstein（2003）指出，从统计学角度看，多数妒忌者实际上是因处于特定情境而短暂陷入妒忌的，长期持有稳定妒忌倾向的人相对较少。情境妒忌源于特定的消极社会比较，其结构复杂，由情绪成分和比较成分共同构成（Cohen-Charash，2009）。情绪成分关联着妒忌所带来的负面情绪，如焦虑、抑郁、消极情绪以及敌意，并与其引发的行为反应紧密相连，如伤害他人或消极对待工作。比较成分则与个人地位提升的欲望息息相关。此外，情境妒忌还深受认知评价过程的影响，若无此过程，妒忌情绪便无从谈起。Parrott（1988）强调，认知过程不仅是情绪产生的触发器，更是情绪体验的一部分。因此，情境妒忌的完整体验涵盖了对社会情境的认知（比较成分）及其触发的负面情绪（情绪成分）。关于情境妒忌的比较成分和情绪成分的关系，Parrott（1988）主要阐释了以下两点内容：①情绪成分和比较成分共同构成了妒忌体验，两者缺一不可。例如，张明与王丽是一对情深意切的恋人，他们携手参加了全国书画比赛，共同怀揣着对那梦寐以求奖项的渴望。然而，比赛结果揭晓时，只有王丽脱颖而出，成功入围决赛圈。面对这样的结果，张明并未对王丽心生妒忌，反而为她感到由衷的喜悦。尽管王丽取得了张明也曾渴望的成绩，然而在这个例子中，虽然比较成分依然存在——王丽的成绩确实比张明更优异，但情绪成分却并未显现——张明并未体验到痛苦或不悦的情绪。再如，甲、乙、丙三个人一起参加考试，最终三人都没有通过。此时他们虽然感觉到失落（情感成分存在），但这不是由社会比较引起的（比较成分不存在），因此不会产生妒忌。②在情境妒忌中，情绪成分和比较成分是相辅相成、同时发生的，并不存在谁先谁后的顺序差别。个体在面对特定社会情境时会立即进行认知评估，这种评估过程与负面情绪的产生是交织在一起的。对社会情境的认知评估会直接影响个体负面情绪的激发，与此同时，这些负面情绪的产生反过来又会影响个体对社会情境的认知评估。这种相互影响的过程是持续进行的，它们相互作用，共同构成了情境妒忌的复杂体验。

特质妒忌与情境妒忌虽然存在明显差异，但二者之间又有着紧密的联系。特质妒忌更多地表现为一种稳定的人格倾向，而情境妒忌则更多地是由特定事件或情境触发的暂时性情绪。这两种妒忌并非完全孤立，它们通过复杂的心理机制相互影响、相互渗透。情感层次模型（level of affect model，见知识窗 1-1）（Rosenberg，1998）为我们理解这种关系提供了一个有力的框架。该模型借鉴了斯皮尔伯格的思想，强调情感在不同层次上的组织结构和相互作用。在这个模型中，情感特质可以被视为个体体验某种情绪的阈值。换句话说，它代表了一个人在特定情境下产生某种情绪反应的敏感程度。那些特质妒忌程度高的人对情境妒忌的体验有着较低的门槛。这意味着在相同的事件或情境下，特质妒忌程度较低的人可能不会产生明显的妒忌情绪，而特质妒忌程度较高的人则可能立即陷入强烈的妒忌情绪之中。这种差异不仅体现了个体的情绪反应稳定性，也揭示了特质妒忌对情境妒忌的潜在影响。情境妒忌虽然是由特定情境触发的，但它也受到个体特质妒忌倾向的调节。一个特质妒忌程度较高的人，在面对可能引发妒忌的情境时，更有可能产生强烈的情境妒忌。相反，特质妒忌程度较低的人则可能更易保持冷静和理智。因此，虽然情绪体验在很大程度上受到情境变化的影响，但同时情绪体验也具有较为稳定的个体倾向性（Izard，1993）。特质妒忌和情境妒忌之间的关系正是这种倾向性与情境性相互作用的体现。理解这种关系有助于我们更加深入地认识妒忌的本质，以及如何在不同情境下有效地管理和应对妒忌情绪。

知识窗 1-1

情感层次模型

许多事物的各个要素之间都存在着层级关系。比如，在一个公司中，首席执行官的最终决策影响着各个部门经理的工作方向和内容，而某个部门经理下达的任务安排又会影响该部门的具体项目经理的工作，项目经理的指导又会影响基层员工的具体工作。当然，基层员工的工作效果会反馈给项目经理，项目经理又反馈给部门经理……但总体而言，由上而下的影响效力要大于由下而上的影响效力。

Wimsatt（1976）提出了用于解决身心问题的层次模型，并认为级别是可排序、可分层排列的，因此较高级别的实体由较低级别的实体组成。他试图融合哲学上的还原论（reductionism，见知识窗 1-2）和突现论（emergentism），对心理现象提出了自己的见解。他认为，不能够简单地说"整体大于部分的总和"（常见的突现主义），也许心灵只不过是创造它的神经化学过程（纯粹的还原主义）。他认为虽然用神经化学过程解释更高层次的心理过程是合适的，但是也存在不能完全由神经化学过程解释的心理现象。

Rosenberg（1998）受此启发对情感进行分层，见图 1-2。简单来讲，人们可以将情感分解为更持久的情感特质（affect traits）和更短暂的情感状态（affect states）。情感状态可以进一步分为两个类别：心境（mood）和情绪（emotion）。

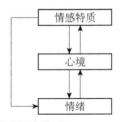

图 1-2　情感层次模型（Rosenberg，1998）

情感特质作为个体情绪反应的稳定倾向，具有明显的持久性特征。多位学者从各自的理论框架出发，共同指出情感特质在决定特定情绪状态发生阈值方面扮演着重要角色。例如，以敌意这一情感特质为例，Rosenberg（1998）在其文章中进行了生动的阐述，并指出那些性格上充满敌意的人往往更容易被激怒。这是因为他们在日常生活中就常常处于较为愤怒的状态，所以即使是微小的刺激，也可能引发其强烈的愤怒反应。相比之下，那些敌意较少的人则不一定会对所有负面情绪都表现出易感性，他们对愤怒的感知具有特定的选择性。

此外，神经影像学的证据也为情感特质的个体差异提供了有力的支持。Tomarken 和 Davidson（1994）的研究发现，不同的情绪反应风格与特定的静息态脑电模式存在对应关系。这项研究不仅揭示了情感特质与大脑活动之间的紧密联系，还为我们深入理解情感特质的本质和机制提供了宝贵的线索。

情感状态包括心境和情绪两种类别。心境是情感特质和情绪之间的中间地带。心境的持续时间比情感特质更短，但比情绪更长。例如，人们在黄昏时刻总是莫名地感到悲凉，且这种悲凉的心境使得其在晚间做各种事情时都带上了一种悲凉的基调，具有一定的漫延性。与心境不同，情绪的产生通常具有明确的原因，它往往由特定的事件或情境所触发，因此持续时间相对较短。同时，情绪伴随着快速的生理和心理反应，这使得它在情感体验中表现得更为强烈和鲜明。例如，当我们收到一束花时，那种突如其来的快乐感就是情绪的典型表现。

Rosenberg（1998）认为，各个情感水平之间具有相互影响，但较高层级的情感对较低层级的情感的影响更大，也就是说，持续时间较长的情感水平对持续时间较短的情感水平的影响更大。

知识窗 1-2

还 原 论

还原论又译作简化论或还原主义，这一概念最初从哲学中诞生。还原论认为复杂的事物或现象等都可以被分解、抽象为各个简单的部分，进而对其进行理解和描述。在哲学理论中，一共有三种还原论：本体还原论（ontological reductionism）、方法还原论（methodological reductionism）和理论还原论（theoretical reductionism）。其中，方法还原论认为，某种实体的行为可以用另一种更加微小的物质上的表现或属性来解释（Honderich，2005）。而早在 14 世纪就被提出来的"奥卡姆剃刀理论"认为"如无必要，勿增实体"（Blumer et al.，1987）。这一逻辑学思想影响了各个学科。19 世纪心理学家 Lloyd Morgan 提出简约性原理（principle of parsimony），他认为当行为可以用更简单的过程进行充分解释时，我们就不需要用更复杂的心理进化与发展进行解释（Morgan，1903）。受上述思想的影响，持有还原主义的心理学家主张将复杂的心理现象还原为各个简单的部分，或以更微观的行为表现来反映微妙的心理变化，或以客观而微小的神经元活动来反映复杂的认知过程。例如，要想知道一个人是否有地域歧视，通过内隐联想测验（Implicit Association Test，IAT）就可以进行衡量。

三、外显妒忌和内隐妒忌

妒忌情绪在社会中的被接纳程度相对较低。这可能是因为妒忌中蕴含的敌意成分使得人们往往不愿意真实地表露出这种情感。不仅如此，众多学者还指出，人们不但避免向他人坦白自己的妒忌情绪，甚至在面对自己内心时，也会否认这种情绪的存在（Foster et al.，1972；Silver & Sabini，1978）。妒忌被看作最隐秘的一种情绪，这是因为，个体坦白自己的妒忌情绪在某种程度上等同于承认自己胸襟狭隘、无法容忍他人的优秀、行为卑鄙以及对他人怀有深深的憎恨等。对于个体而言，承认心中存在"自认为不如其他人"的自卑感很可能导致其自我价值感受到威胁，因此个体倾向于否认自己的妒忌情绪。而在人际关系中，个体也不愿意让他人知道因自己不如人而产生的恨意。这种对他人和自己都不愿承认妒忌的倾向，使得妒忌情绪具有极强的隐蔽性。而这种内隐特性给妒忌的研究带来了极大困难（杨丽娴，2009）。正如莱斯利·法伯所言："妒忌，究其本质来说，总是顽固地抵抗着人们对它的研究。"（Farbe，1966）特别是在那些注重集体精神和人情世故的国家中，妒忌的表达往往被视为一种不受欢迎的行为，这种社会文化背景使得个体更不愿意公开表露自己的妒忌情绪，从而加剧了妒忌的隐蔽性，也进一步增加了妒忌的研究难度。

在特定的社交场合中，我们有时会以调侃的方式表达"妒忌"，以增强对方的积极自我感受。例如，当朋友展示了一组精美的写真时，我们可能会说："你这也太靓了，我真妒忌呀！"不过，在这种情境下，我们往往并非真地感受到了妒忌，更多的是为了给对方一个积极的反馈，让其感觉更加良好。值得注意的是，在日常交流中，我们习惯用"嫉妒"这一词汇来替代"妒忌"，尽管在严格的词义上两者并不等同。这种用法可能源于语言习惯，或是为了简化表达，但在精准的情感表达上确实造成了混淆。英语中也存在类似的情况。人们倾向于使用"jealousy"一词来替代"envy"，尤其是在表达带有积极色彩的妒忌时。这种替代同样是为了使对方的自我感受更为积极，但混淆了"妒忌"和"嫉妒"的概念。

在妒忌研究领域，众多研究者正致力于无意识层面的深入探索。一个备受关注的问题便是：内隐妒忌与外显妒忌在成分上是否一致？进一步而言，我们如何在不依赖被试主观报告的前提下精准地测量出他们的妒忌程度？同时，如何有效地规避社会赞许性给妒忌测量所带来的干扰，以确保研究结果的客观性与准确性？这些问题不仅关乎我们对妒忌本质的理解，也直接影响到我们如何有效地应对和干预这一复杂的情感现象。接下来，我们将为大家简要阐述精神分析和内隐社会认知这两个心理学研究领域对于内隐妒忌的理解。

20世纪末及21世纪初期，众多研究者从精神分析的视角对妒忌进行了深入探讨。他们认为，妒忌实质上是性妒忌的一种投射表现。然而，随着时代的进步和心理学研究方法的革新，当代心理学家发现从这一角度理解妒忌颇具难度，同时精神分析的实证性也面临越来越多的质疑。尽管如此，从精神分析的视角研究无意识中的妒忌仍持续至今，并且这类研究依然强调着妒忌背后的无意识过程。例如，当代精神分析学者 Etchegoyen 和 Nemas（2003）指出，妒忌涉及对被妒忌者的无意识投射认同。在这一过程中，被妒忌者往往象征着妒忌者心中理想化的自我形象，只不过这种认同并不单纯，而是与憎恨和贬低对方的动机混杂在一起。在这样的投射认同作用下，妒忌者可能选择以赞美对方的方式来转移自己的妒忌情绪，也可能通过寻找机会贬低对方以缓解内心的妒忌。值得注意的是，这一过程往往是在无意识层面进行的，个体难以有意识地体察到其中的复杂心理机制。因此，虽然从精神分析的角度理解妒忌面临着一定的挑战，但这种研究方法仍为我们提供了一种独特的视角，有助于我们更深入地揭示妒忌的无意识过程和加工机制。

受内隐记忆研究的启发，Greenwald 和 Banaji（1995）提出了内隐社会认知的概念，强调即使无法回忆起过去的经验，这些经验仍在无形中影响着个体的认知和行为，这一过程发生在无意识层面，无须意识的介入。基于此，他们进一步将内隐社会认知理论应用于社会心理学领域的刻板印象、自尊、态度等研究当中，揭示出那些人们不愿或无法直接报告的心理过程。这些未被外显报告的心理过程可能与个体的价值观相悖，或者一旦表达出来就可能带来不良社会后果，因此个体即便意识到这些过程，也会选择不将其表现出来。Habimana 和 Massé（2000）为了深入探究妒忌的心理机制，采用了直接测量和间接测量两种方法。在直接测量中，被试直接报告自己在特定情境中的妒忌程度；而在间接测量中，他们则需报告情境中主人公的妒忌程度。结果显示，在间接测量条件下，被试报告的妒忌程度更高，分数的分布范围更广且更趋近于正态分布。这一发现表明，间接测量在揭示妒忌心理方面相较于直接测量具有优势。这一研究不仅为内隐社会认知理论提供了实证支持，还揭示了妒忌这一复杂情感的无意识过程。通过间接测量的方式，我们能够更准确地捕捉到那些被个体压抑或隐藏的真实感受，从而更深入地理解妒忌的心理机制及其影响。

杨丽娴（2009）沿用了 Habimana 和 Masseé（2000）的范式，采用女性妒忌情境问卷和男性妒忌情境问卷测量被试的妒忌程度，发现无论是男性还是女性，被试在间接测量条件下表达的妒忌程度均显著高于直接测量条件（图 1-3），而两种条件下的反应时无显著差异。他们由此认为，被试的确将自己的妒忌情绪投射到了他人身上。得出这个结论的推理过程如下：如果被试猜想并表达对他人的妒忌情绪，就会涉及更多的认知过程，从而需要更长的反应时间。但实验结果显示，直接测量与间接测量并无反应时的差异，因此被试回答他人妒忌程度时其实是对自己的投射。而直接测量与间接测量报告的妒忌程度有所差别，这说明直接测量条件和间接测量条件下测量的是妒忌的不同层面，即外显妒忌和内隐妒忌。他们进一步用信号检测论来验证这一观点。结果显示，间接测量组被试的敏感性（类似于信号检测论中的分辨力指标）显著高于直接测量组被试，但其采用的判定标准却没有发生变化。

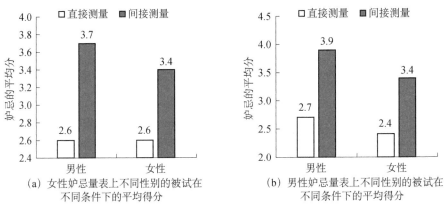

（a）女性妒忌量表上不同性别的被试在　　　（b）男性妒忌量表上不同性别的被试在
　　　　不同条件下的平均得分　　　　　　　　　　　不同条件下的平均得分

图 1-3　不同性别被试在不同条件下的平均妒忌得分（杨丽娴，2009）

四、一般妒忌和领域特定妒忌

根据妒忌的发生是否只存在于特定领域中，我们可以将妒忌分为一般妒忌和领域特定妒忌。

早期理论多将妒忌视为涵盖所有领域的普遍心理现象，认为它在不同的比较领域中没有差异，然而临床研究却表明，无论是情境妒忌还是特质妒忌，均需要明确其发生的比较领域（DelPriore et al.，2012；Salovey & Rodin，1991）。Bourdieu（2018）提出了个体可能具有的三种资本形式：经济资本（如金钱或财产）、社会资本（如社交网络或与自己关系密切的人）和文化资本（如教育水平或知识）。这三大资本涉及尤为可能引发妒忌的社会比较的领域，包括财富、吸引力、学术成就、流行度、地位和智力。不同比较领域带来的影响存在个体差异。例如，对那些认为吸引力非常重要的人来说，与财富领域相比，他们在吸引力领域的妒忌情绪更强烈（Salovey & Rodin，1991）。此外，Rentzsch 和 Gross（2015）的研究也证实了一般妒忌和领域特定妒忌的区别。

五、外在妒忌和内在妒忌

Mishra（2012）将由他人内在特质或固有特质引发的妒忌称为"内在妒忌"，并将通过社会比较引发的妒忌称为"外在妒忌"。内在妒忌通常与被妒忌者的自身闪光点相关，如卓越的分析技能、认真的态度、宜人的性格等；而外在妒忌则由被妒忌者的成就、社会地位和影响力所引发。不过，人们有时也会将内在妒忌和外在妒忌综合起来，以感知自己的境遇是否公平。例如，当某个同龄人的内在特质和外在成就都比自己优越时，我们可能会感到较为公平；如果某些人的外在成就与其内在特质并不相称，我们就会产生较为强烈的妒忌感。

六、妒忌二维分类

Protasi（2016）曾指出，并不应当只把妒忌分为善意妒忌和恶意妒忌两种，这种分类方法过于简单，无法穷尽人们所经历过的所有妒忌体验。在本书第一章第二节的"善意妒忌和恶意妒忌"部分，我们提到过影响区分妒忌是善意还是恶意的两个因素是关注点与感知控制感。Protasi（2016）按照这两个维度得分的高低，将妒忌分为四种类型：模仿型妒忌（emulative envy）、懒惰型妒忌（inert envy）、攻击型妒忌（aggressive envy）和憎恨型妒忌（spiteful envy）。如图 1-4 所示，第 1 象限代表如果妒忌者的关注点侧重于他人的相对优势且认为自己可以获得（高控制感），那么该妒忌者感知到的是模仿型妒忌。在第 2 象限中，当关注点更侧重于他人的相对优势时，如果妒忌者认为自己无论如何都不能够获得相应的优势（低控制感），那么该妒忌者体验到的则为懒惰型妒忌。在第 3 象限中，当关注点更侧重于被妒忌者，且认为自己没有能力夺取优势（低控制感）时，妒忌者体验到的则为憎恨型妒忌。而第 4 象限代表如果关注点侧重于被妒忌者，且认为自己有能力夺取优势（高控制感），妒忌者体验到的则为攻击型妒忌。接下来，我们将逐一介绍这四种类型的妒忌。

（一）模仿型妒忌

模仿型妒忌具有两大显著特征：第一，妒忌者聚焦于被妒忌者的优势本身，而非被妒忌者本人；第二，这种妒忌所渴望的优势具备高度的可控性，即妒忌者深信通过自身的努力和奋斗，最终能够获得与被妒忌者相同的优势（Protasi，2016）。当这两个条件得到满足时，模仿型妒忌者更倾向于展现出一种善意的特

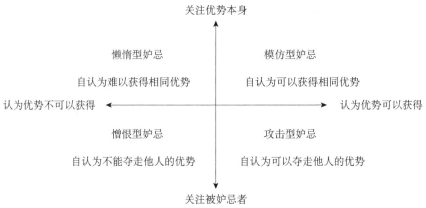

图 1-4　妒忌的二维度分类（Protasi，2016）

质，并激发出个体提升自我的向上动力。在这种情境下，妒忌者不再过分关注被妒忌者是否保持其优势地位，而是将更多的注意力放在如何通过自身的努力达到相同的成功境界上。尽管模仿型妒忌与钦佩在某些方面似乎有着相似之处，但它们的本质却截然不同。具体而言，两者的差异主要体现在以下三个方面。首先，在情感体验上，模仿型妒忌作为妒忌的一种表现形式，会伴随着个体因处于劣势地位而产生的自卑感和痛苦感；而钦佩则是一种令人愉悦的情绪体验，不会引发自卑或痛苦的感觉。其次，在自我完善的动机上，妒忌具有强大的驱动力，促使个体不断完善自己以达到与被妒忌者相同的成就水平；而钦佩的这种驱动力相对较弱（van de Ven et al.，2012）。最后，从社会比较的对象来看，模仿型妒忌往往针对那些在自己重视的领域内稍稍优于自己的人；而对于那些异常杰出的个体或与自己不相关领域中的佼佼者，人们则更容易产生钦佩之情（Miceli & Castelfranchi，2007）。

（二）懒惰型妒忌

懒惰型妒忌中的"懒惰"并非指妒忌者在日常生活中不够勤快，而是指他们虽然渴望具备某种优势，但是知晓自己无论如何努力也没有机会取得优势地位。比如，想有自己的孩子却无法怀孕的夫妻、渴望拥有富裕生活却家境贫寒的孩子……

与模仿型妒忌相比，懒惰型妒忌具备两个特点：①与模仿型妒忌相同的是，懒惰型妒忌者的关注点也更侧重于优势本身，而不是被妒忌者；②与模仿型妒忌不同的是，懒惰型妒忌者认为他渴望的优势不具备高可控性，也就是说，妒忌者认为无论自己如何努力，都不可能获得与被妒忌者相同的优势（Protasi，

2016）。也正因为如此，懒惰型妒忌者提升自己的动机受挫。想得到的事物无论如何也无法得到，会让妒忌者产生痛苦的体验，即妒忌者会经历绝望、沮丧、自我厌恶等情绪，并且经常会因为妒忌而感到羞耻和内疚。

懒惰型妒忌者不太能真正对他人的成功境遇感到快乐，因为他人的成功是他们渴望但却无法取得的。因此，懒惰型妒忌者可能会表现出两类行为：①可能会做出一些轻微的贬低行为，比如，通过八卦或者诽谤来中伤被妒忌者，从而消解妒忌情绪；②可能会表现出不真诚的赞美，这种赞美可能听上去并不温暖，还可能包含一丝酸意，比如，"你唱歌真好听，我天生五音不全，一辈子都不可能达到你的水准。""你每天都这么勤奋，像个机器人一样，累不累呀？"相比之下，模仿型妒忌者的赞美可能会有很大不同，比如，"哇，你唱歌真好听！可以教教我怎么把握好音调吗？"

整体而言，懒惰型妒忌者更倾向于表达沮丧的意味，有一种将被妒忌者拉低到与自己相同水平的倾向。而当被妒忌者遭遇不幸时，懒惰型妒忌者除了感到同情外，还可能感到类似幸灾乐祸的情绪。这种幸灾乐祸的来源主要有两个方面：①妒忌者认为他人具备自己无论如何也不可能获得的东西，因此有意无意地会将被妒忌者视为自己痛苦的原因，即使妒忌者知晓被妒忌者对自己的劣势地位没有任何直接责任；②被妒忌者丧失优势之后，妒忌者将不再因自己在社会比较中处于劣势而感到痛苦。但是，无论是否幸灾乐祸，妒忌者真正想获得的东西一直没有得到。Protasi（2016）认为懒惰型妒忌本质上是个体想要获得一种自己永远无法获得的东西，是一个让人痛苦的"无底洞"。他还认为，懒惰型妒忌是四种类型妒忌中最复杂的一种，但如果采用"善意妒忌"和"恶意妒忌"的二分法，就没有办法体现出这一种类型。

（三）攻击型妒忌

相比于模仿型妒忌和懒惰型妒忌，攻击型妒忌的焦点在被妒忌者身上。当关注点在于被妒忌者这个人而不是他所具备的优势时，对于攻击型妒忌者来说，更重要的是超越和打败对方，而不是获得优势本身。此时，如果认为自己有能力从被妒忌者手中抢走优势，攻击型妒忌者则倾向于打败对手，而不是破坏对手的优势。

（四）憎恨型妒忌

与此相反，"我得不到的，别人也休想得到"说的就是令人窒息的憎恨型妒忌。与攻击型妒忌相同的是，憎恨型妒忌的焦点也在被妒忌者身上。但是憎恨型妒忌者并不认为自己具备从被妒忌者手中抢走优势的能力，却又渴望给被妒忌者带来伤害，此时他可能选择毁掉被妒忌者的优势来达成这一目的。比如，5岁的小男孩明明正在玩一辆玩具汽车，这时14岁的哥哥要来抢夺。明明自知不能战胜哥哥，又不想让哥哥得逞，他可能会直接把玩具摔毁。憎恨型妒忌导致的结果是妒忌者和被妒忌者最终都没有得到优势。

表1-3汇总了上述四种类型妒忌的特点。

表1-3　四种类型妒忌的特点

类别	关注点	感知控制感	行为表现
模仿型妒忌	被妒忌者的优势	高	通过模仿他人以取得成功
懒惰型妒忌	被妒忌者的优势	低	感到无奈、痛苦，轻微诋毁他人
攻击型妒忌	被妒忌者	高	试图打败被妒忌者来抢夺其优势
憎恨型妒忌	被妒忌者	低	毁掉被妒忌者拥有的优势，使对方无法占有

第二章

妒忌的研究方法

妒忌可能是最难以捉摸的，也许我应该说是最隐伏的。毫无疑问，它是人们最不愿意坦白的一宗罪恶，因为坦白了妒忌可能就是承认了自己胸襟狭隘、卑鄙、小心眼。

——约瑟夫·艾普斯坦（Epstein，2003）

第一章中，我们深入探讨了妒忌的内涵及其多样化的表现形式。妒忌是一种复杂的情绪，可以根据不同的情境和对象呈现出不同的特征。然而，如何准确地评估一个人的妒忌倾向及其在特定时刻的妒忌程度，成为一个颇具挑战性的问题。对于研究者而言，在实验环境中有效地诱发和控制被试的妒忌情绪，对于开展科学研究至关重要。鉴于妒忌情绪的隐秘性，选择合适的研究方法显得尤为关键。

本章，我们将详细探讨妒忌情绪的研究方法，包括如何通过心理量表评估个体的妒忌倾向，如何设计实验情境引发妒忌情绪，以及如何利用先进的神经科学技术来探测和分析妒忌情绪的神经机制。通过这些方法，研究者能够更深入地理解妒忌情绪的本质，揭示其对个体行为和心理健康的影响，进而为促进人际关系的发展和社会和谐提供科学依据。让我们一起深入了解这些科学探索妒忌的方法和技巧吧！

第一节　问卷测量法

采用问卷测量法来评估妒忌，不仅能够快速、准确地获取个体的心理数据，而且便于量化分析，为研究者提供了深入探索妒忌心理的有效途径。目前，关于妒忌的量表已发展出多种，它们各具特色，能够从不同维度和层面揭示妒忌的复杂内涵。其中，特质妒忌量表、情境妒忌量表（Episodic Envy Scale，EES）、善意和恶意妒忌量表（Benign and Malicious Envy Scale，BeMaS）、领域特定妒忌量表（Domain-Specific Envy Scale，DSES）以及妒忌认知和行为反应量表（Cognitive Behavioural Responses to Envy Scale，C-BRES）等，都是广受认可的测量工具。这些量表的应用无疑为我们理解、分析和干预妒忌心理提供了有力的支持。

一、特质妒忌量表

特质妒忌量表（DES）由 Smith 等在 1999 年编制，旨在寻找一种可靠的衡量个体妒忌倾向的标准，并试图寻找妒忌倾向与某些重要社会过程的关联（Smith et al.，1999）。研究者认为，妒忌的两大构成因素为自卑感和敌意。因此，量表除了应测量妒忌情绪发生的频率和强度以外，更应当测量个体体验到"自卑感"和"敌意"这两种成分的倾向。该量表的重测信度为 0.80，具有足够的时间稳定性。此外，特质妒忌量表得分与自尊量表得分、生活满意度量表得分均呈负相关，与抑郁得分呈正相关，表明该量表具有良好的结构效度。后续的追踪测试表明，特质妒忌量表得分越高的被试在日常生活中越容易报告较高的妒忌程度。

虽然特质妒忌量表受到了众多学者的广泛采纳，但该量表在核心构念上存在一定的局限性，未能将妒忌细分为善意妒忌和恶意妒忌。其构成主要基于自卑感和敌意两个成分，仅适用于测量"恶意妒忌"。因此，DES 得分难以准确区分被试的善意妒忌和恶意妒忌程度。在后文中，我们将详细介绍善意和恶意妒忌量表，该量表能够有效地实现对善意妒忌和恶意妒忌的区分。

二、情境妒忌量表

在本书第一章第二节"妒忌的分类"中，我们详细探讨了妒忌的两种类型：特质妒忌和情境妒忌。早期的研究普遍倾向于将妒忌视作一种相对稳定的性格特质（Gold，1996）。然而，随着研究的深入，我们逐渐认识到妒忌并非单纯是性格倾向的反映——即便是那些在日常生活中不易产生妒忌情绪的人，也可能在特定的社会比较情境中因为自觉表现不如他人而体验到妒忌，这种短暂的、与特定情境相关的妒忌便是情境妒忌。遗憾的是，在以往的大多数研究中，对情境妒忌的测量方式存在明显的不足。一些研究者甚至试图采用针对特定研究而临时创建的、缺乏有效性的量表来衡量情境妒忌，这无疑影响了研究结果的准确性和可靠性。

Cohen-Charash（2009）在编制情境妒忌量表时，深入剖析了情境妒忌的构成，将其划分为情绪成分和比较成分。情绪成分主要是关于妒忌所引发的负面情绪，如焦虑、抑郁和敌意，以及由此产生的行为反应，如伤害他人或消极对待工作。而比较成分则与个体提升自我地位的强烈动机紧密相连。这两种成分相辅相成，共同构成了完整的妒忌体验，缺一个可。因此，在编制情境妒忌量表的项目时，研究者主要围绕这两个核心构成成分展开。

在量表编制的初步测试阶段，为有效激发被试的情境妒忌情绪，被试需选择一名与自己同级且拥有自己渴望却无法获得之物或在某一领域表现更为出色的同事作为比较对象（注意：不要选择上级或者下级的同事作为比较对象）。这一选择过程需基于被试的日常生活经历，确保情境的真实性和可信度。完成选择后，被试需对情境妒忌量表中的每一项进行仔细评分，以准确反映其体验到的妒忌情绪。该量表采用 9 点计分，1 代表 "完全不像我"，9 代表 "完全像我"。探索性因素分析的结果支持了情境妒忌的双因素模型。经研究者验证，相较于测量特质妒忌的 DES，情境妒忌量表在预测情境妒忌方面展现出了更高的有效性。然而，该量表的局限在于其多个测量项的同质性较高，且直接使用妒忌相关词汇来测量妒忌本身并不可取。

三、善意和恶意妒忌量表

Lange 和 Crusius（2015）提出了善意妒忌和恶意妒忌的区别，并编制了善意和恶意妒忌量表。善意妒忌维度主要围绕三点来构建量表项目：①欣赏被妒忌者，比如，"我对表现卓越的人有好感"；②由于妒忌变得更加努力，比如，"我竭尽全力来争取别人那样的成就"；③在和他人攀比后，提高自己的目标，比如，"如果看到别人有优越的品质、成就或财产，我会努力赢得它们"。恶意妒忌维度主要围绕以下三点来构建项目：①敌意行为，例如，"如果别人有我自己想要的东西，我想把它抢走"；②对被妒忌者的憎恨情绪，例如，"看到别人取得成功，我感到一股恨意"；③因与更优秀的人比较而产生的愤怒情绪，例如，"我讨厌那些我妒忌的人们"。该量表采用 6 点计分（1 代表 "完全不同意"，6 代表 "完全同意"）。

经验证，善意妒忌分量表（内部一致性 α 系数为 0.85）和恶意妒忌分量表（内部一致性 α 系数为 0.89）均显示出良好的内部一致性信度，且两个分量表之间无相关关系。此外，DES 量表得分与恶意妒忌分量表得分呈显著相关，与善意妒忌分量表无相关关系。研究还表明，善意妒忌与个体对成功的希望存在显著的正相关关系，即个体在体验到善意妒忌时，往往伴随着对成功的积极期望和向往；然而，这种妒忌情绪与个体对失败的恐惧并无直接关联。相比之下，恶意妒忌则与个体对失败的恐惧呈正相关，即当个体感受到恶意妒忌时，他们更容易产生对失败的担忧和恐惧（Lange & Crusius，2015）。

四、领域特定妒忌量表

过往的研究通常将妒忌视作一种普遍存在的情感，未能深入探讨它在不同领域的差异性。实际上，妒忌的产生深深根植于社会比较之中，社会比较的领域特定性会对妒忌出现的频率和程度产生显著影响。Rentzsch 和 Gross（2015）提出妒忌具有领域特定性，并据此开发了一种测量不同领域妒忌的量表。但这涉及一个问题：需要测量哪些领域中的妒忌现象呢？Bourdieu（2018）提出每个人的资本由三大部分构成：经济资本（如金钱或财产）、人际资本（如社交网络或者与自己亲近的人）和文化资本（如教育背景和知识）。DelPriore 等（2012）认为那些容易引起人们妒忌的比较领域通常集中在下面这些领域：吸引力、财富、资产、学业成就、受欢迎程度、社会地位和智力等。个体的关注点各异，对不同领域的重视程度也有所不同，这种差异会直接影响他们在不同领域中感受到的妒忌程度。Salovey 和 Rodin（1991）的研究指出，相较于财富领域，那些更看重个人吸引力的人更有可能在吸引力领域体验到妒忌情绪。为了探究妒忌在不同领域的差异，Rentzsch 和 Gross（2015）招募了 74 名被试，请他们回忆并分享自己最近的妒忌体验。经过深入分析，研究者惊奇地发现，其中有高达 90% 的体验可以归为吸引力、能力和财富这三大领域。基于这一发现，他们围绕这三个核心领域开展了问卷项目的编制工作。在吸引力领域，问卷项目主要聚焦于爱情吸引力、外貌吸引力和人际受欢迎程度等方面；在能力领域，问卷项目则重点关注智力和知识等要素；在财富领域，问卷项目则涵盖了经济状况和生活方式等关键内容。相较于一般特质妒忌，特定领域的性格妒忌更能精确地预测情境妒忌的发生。

领域特定妒忌量表的最终版本包括 15 个题目，比如，"当别人比我更有吸引力时，我感到不舒服"（吸引力领域）、"我难以忍受别人比我聪明"（能力领域）、"别人拥有我没有的东西时，我感到困扰"（财富领域）。该量表采用 7 点计分（1 表示"非常不同意"，7 表示"非常同意"），没有反向计分题目。Erz 和 Rentzsch（2024）使用该量表发现，无论是普遍存在的妒忌情绪还是特定领域的妒忌情绪，它们在不同时间段内都保持着相似的稳定性。他们分析了整体的妒忌特质、外貌领域的妒忌、工作领域的妒忌、社交领域的妒忌 4 个因子的得分，发现它们由稳定特质因子解释的方差比例均大于由特定情境因子解释的方差比例。在一般妒忌因子中，有 80% 的变异可以由稳定特质因子所解释，而只有 20% 的变异可以由特定情境因子所解释。3 个领域特定妒忌因子的变异由特定情境因子解释的比例为 76%—80%。该结果强调了妒忌情绪的相对稳定性。

五、妒忌认知和行为反应量表

在 Jordan 等（2020）的研究中，他们成功开发了一个全面的量表——妒忌认知和行为反应量表，旨在从认知、情绪和行为反应 3 个关键角度测量妒忌情绪。这一创新性的工作不仅为研究人员提供了一个强有力的工具，以更精确地评估个体的妒忌倾向，还揭示了妒忌情绪的复杂结构，确定了 5 个核心维度：不公平感、敌意、恶意行为倾向、恶意情绪和行为反应。

5 个核心维度中，不公平感维度体现了个体对于他人成就或优势的感知不公，这种感觉可能源于个体对比较和竞争的认知评估。敌意维度涉及个体在妒忌情绪的驱使下产生的消极情绪状态，如愤怒和憎恨，这些情绪可能导致个体对他人产生负面态度和行为。恶意行为倾向维度描述了个体在妒忌情绪的影响下可能采取的破坏性行为，如诽谤或排挤他人。恶意情绪维度则包括了妒忌中的负面情绪体验，这些情绪可能影响个体的心理健康和社会关系。行为反应维度关注个体在妒忌情绪激发下的实际行为表现，包括竞争、努力提升自己、寻求社会支持、诋毁他人等。

此外，研究者还探讨了文化背景对妒忌情绪的影响。通过跨文化比较，研究者发现虽然妒忌的基本维度在不同文化中具有普遍性，但妒忌的表现和体验可能受到特定文化价值观和社会规范的影响（Jordan et al.，2020）。这表明，在理解和应对妒忌情绪时，需要考虑到文化多样性的重要影响。

为了进一步验证量表的实用性，Jordan 等（2020）还将妒忌认知和行为反应量表应用于不同类型的群体，如学生、职场人士和家庭主妇，以评估其在不同生活阶段和环境中的应用效果。结果表明，该量表能够有效地识别和测量不同群体妒忌情绪的表现形式与强度，为心理干预和咨询提供了有力支持。

我们对前面提到的 5 种问卷进行了对比，见表 2-1。

表 2-1　5 种问卷对比

类别	适用情境	维度
特质妒忌量表	测量一个人的妒忌倾向	单维
情境妒忌量表	测量特定情境的妒忌程度	双维：比较成分、情绪成分
善意和恶意妒忌量表	区分善意妒忌和恶意妒忌	双维：善意妒忌、恶意妒忌
领域特定妒忌量表	测量特定领域上的妒忌	三维：吸引力、能力、财富
妒忌认知和行为反应量表	区分妒忌的不同心理维度	三维：认知、情绪、行为

第二节　实验测量法

在介绍完妒忌情绪的问卷测量法之后，本节将着重阐述对于该情绪的实验测量法。根据在实验中的核心功能，这些实验测量法主要可归为两大类：一类是诱导妒忌情绪；另一类则是测量妒忌程度。前者的目标是通过特定手段诱导被试的妒忌情绪，后者则关注对被试妒忌情绪强度的量化评估。

一、诱导妒忌情绪的方法

诱导妒忌情绪产生的方法主要包括情境营造法和游戏体验法。这些方法通过文字故事引导被试进入特定的社会比较情境，或是通过模拟创设类似的情境，从而有效地触发被试的妒忌感受。

（一）情境营造法

情境营造法是指通过为被试营造社会比较的情境，并让其在社会比较情境中处于相对弱势，从而诱发被试的妒忌心理。按照营造社会比较情境的不同方式，情境营造法主要可以分为情境阅读法、想象/回忆法、即时情境法和模拟情境法。

1. 情境阅读法

情境阅读法是指让被试阅读以社会比较为主题的故事，并把自己想象成其中的主人公（在社会比较中处于相对劣势），从而引发被试的妒忌情绪。在情境中，一般有两个以上的人物角色，他们在不同领域有着不同的优秀表现。被试需要将自己带入故事情境中，理解故事并觉察自己的情绪变化，且在实验中或实验后报告自己的妒忌程度。在应用情境阅读法诱发妒忌时，需注意一点：所创设的故事情境需要符合所选被试的年龄阶段和文化背景。比如，对于学生而言，引发他们妒忌的可能是优异的成绩、良好的人缘、卓越的才艺、班干部竞选、优越的家境等；而对于职场人而言，引发他们妒忌的可能是更高的工资、有车有房、美满的婚姻等。我们需根据被试所处的年龄特点编写情境，由此才能确保成功诱发被试的妒忌情绪。如果想研究大学生群体的妒忌情况，可以参考何腾腾（2013）编制的大学生妒忌量表中的妒忌语句。接下来，我们列举几个采用情境阅读法进行研究的例子。

Takahashi 等（2009）的研究中使用情境阅读法来诱发被试的妒忌情绪。在实验开始之前，被试需静心阅读两段精心编写的文字故事，这两段故事里巧妙地塑造了三位角色：A、B 和 C。其中，角色 A 在各个维度上均展现出卓越的特质，并且与被试具有较高的自我相关性（与被试存在较高的相似度，如性别一致）。相较之下，角色 B 同样优秀，但与被试的自我相关性较低。而角色 C 的表现则相对平凡，且自我相关性同样较低。当被试完成故事的阅读后，他们需要躺在核磁扫描房间内接受扫描。在扫描过程中，屏幕上将呈现刚刚出现的信息，研究者需观察被试在不同条件下的妒忌激活程度差异。

Zhong 等（2013）沿用并改编了 Takahashi 等（2009）的范式，并让被试把自己想象成故事中的"你"，以此诱发被试的妒忌情绪："在大学里，你在学业方面（如分数、能力）表现平平，毕业时希望在一家跨国公司找到工作，但在面试中表现不佳。周昭悦（高妒忌条件）品学兼优，他/她和你平时在很多方面都有交集，你们就读于同一专业，有着相似的生活方式和爱好，并且都希望在同一家跨国公司找到工作。最终，他/她在面试中表现出色。吴益诗（中等妒忌条件）同样品学兼优，你和他/她不怎么认识，因为你们就读于不同的专业，有着不同的生活方式和爱好，吴益诗希望在当地银行找到工作。最终，他/她在面试中表现出色。韩纪君（低妒忌条件）和你一样表现平平，是吴益诗的朋友，他们（她们）有许多相似的爱好，也都想在当地银行找到工作，但他/她未能获得当地银行的工作。毕业两年后，你在一家小型零售商那里找到了工作，薪水微薄，独自住在狭小的公寓里，没有车。周昭悦在一家跨国公司工作，薪水很高，住在市中心的豪华公寓里，拥有一辆高档车。吴益诗在当地一家银行工作，薪水很高，住在一个带花园的乡间别墅里，拥有一辆高档车。他/她的朋友韩纪君在一家小企业工作，薪水很低，住在市郊的一个老公寓里，没有车。"

Santamaría-García 等（2017）在 Takahashi 等（2009）的范式基础上，加入了对不同维度的考量。为深入探究妒忌和幸灾乐祸的情绪机制，他们精心设计了多种情境来诱发这两种情绪。其中，针对妒忌情绪的诱发，他们特别设置了 15 种情境。这些情境分别围绕应得性维度、道德性维度和合法性维度展开，重点考察被试在不公平现象中的妒忌情绪。

应得性维度下的 5 种情境主要聚焦于由不应得感而触发的妒忌情绪。具体来说，人们因为目睹他人没有通过自身努力而获得了好处（如"走后门"），这触发了人们对于应得性的敏感点，从而引发对这类人的妒忌。研究者通过描述诸如"一个学生因为是教授的儿子，获得了更优异的成绩"这样的场景，来引发被试对于不公平现象的妒忌情绪。道德性维度下的 5 种情境则主要通过描述违反道德规范的行为来诱发妒忌情绪，例如，"在银行，大家都排队办业务时，有人通过扮演残疾获得了优先办理权"。这些情境展示了道德败坏者获得不应有的好处，从而激发了被试的道德愤慨和妒忌情绪。在合法性维度下的 5 种情境中，研究者通过描述违法滥用权力现象（如"政治家用纳税人的钱休假"），来探讨合法性丧失对妒忌情绪的影响。这些情境揭示了权力者滥用权力、损害公共利益的行为，引发了被试对其通过违反法律而获得好处的质疑和妒忌。另外，研究者还在诱发妒忌的 15 种情境之后，设计了 15 种诱发幸灾乐祸的情境。这些旨在诱发幸灾乐祸的情境通常描述了个体因自身的不当行为而遭受负面后果的场景，如"因为他喜欢撒谎，所以朋友们都离开了他"。这样的设计使得实验能够全面考察被试在不同情绪状态下的反应。在实验研究中，每种情境呈现完毕后，研究者要求被试用 9 点评分来评估他们的妒忌和幸灾乐祸程度， 1 表示"低强度"， 9 表示"高强度"。

为了降低社会赞许性效应的影响，研究者并没有直接使用"妒忌"和"幸灾乐祸"这两个词汇作为指导语，而是使用更中性的词汇"快乐"和"不快乐"来描述被试的情绪体验。这样做不仅有助于被试更真实地表达自己的感受，还提高了实验的准确性和可靠性。此外，该研究还将行为变异型额颞叶痴呆（behavioural variant frontotemporal dementia， bvFTD）患者和阿尔茨海默病（Alzheimer's disease， AD）患者作为其中一部分被试。考虑到这些患者可能更难以理解复杂的词汇，研究者更加注意使用简单、清晰的词汇来形成实验指导语，以确保他们能够准确理解并参与实验。该研究的实验流程见图 2-1。

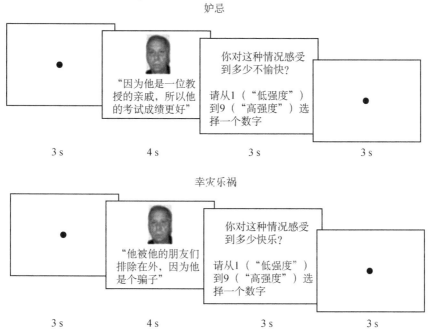

图 2-1　情境阅读法的实验流程图（Santamaría-García et al.，2017）

2. 想象/回忆法

想象法和回忆法在心理学实验中常被用来诱导特定的情绪体验，妒忌当然也不例外。虽然这两种范式在某些方面有相似之处，但它们在操作和诱导机制上存在一些关键差异。

回忆妒忌范式依赖于被试对过去真实发生事件的记忆。在这种范式中，研究者会引导被试回想那些曾经引发他们妒忌情绪的具体事件。被试需要详细描述这些事件，并评估当时的妒忌情绪强度（杨丽娴，2009）。这种范式的优点在于它所依赖的记忆是真实的，能够较为准确地反映被试在实际生活中的情绪体验。然而，它也可能受到记忆准确性、事件重现能力等因素的影响。

相比之下，想象妒忌范式则要求被试构建一个假想的社会比较情境。在这个情境中，被试需要想象自己与他人进行比较的情境，并感受在想象中可能产生的情绪反应。随后，被试需要报告他们在这种想象情境中的情绪感受。想象妒忌范式的优势在于其具有灵活性，研究者可以根据研究目的设计不同的社会比较情境，以探究不同因素对妒忌情绪的影响。此外，想象妒忌范式还可以避免回忆妒忌范式中可能出现的记忆偏差或遗忘问题。

总的来说，回忆妒忌范式和想象妒忌范式都是有效的情绪诱导方法，它们在心理学研究中发挥着重要作用。研究者可以根据研究的具体目标和实验条件选择合适的范式。在某些情况下，结合使用这两种范式可能会获得更全面、深入的研究结果。

3. 即时情境法

刚才我们已经介绍了回忆法和想象法，回忆法是指让被试回忆过去发生的妒忌事件，想象法则需要被试"穿越"到未来，两者都有一个时间跨度，而这种时间跨度可能有损妒忌感受的真实性。即时情境法旨在探究人们在当下此时此刻的现实生活中诱发妒忌情绪的各种因素。这种方法更加贴近人们真实的生活体验，因而具备更高的生态效度。下面列举一个应用此种方法的研究。Lin 和 Utz（2015）在关于社交媒体中妒忌情绪的研究中，要求被试从自己日常使用的社交软件中随机选取四位不同社交好友发布的动态。这些动态可能涉及朋友、家人或陌生人的各种生活片段，被试需要分别报告每则动态给他们带来的情绪效价，同时还要描述与这些动态发布者的关系亲密程度。通过这种方式，研究者能够更准确地了解社交媒体内容以及关系密切程度如何触发个体的妒忌情绪。

同样，Navarro-Carrillo 等（2017）在一项社会心理学实验中也采用了即时情境法来探究妒忌情绪。在这个实验中，被试需要详细描述那些使他们体验到妒忌情绪的具体事件。他们不仅要指出妒忌的对象是谁，还要详细说明妒忌的原因。这种细致的描述有助于研究者深入理解妒忌情绪的产生背景和触发机制，从而更准确地揭示其内在的心理过程。

即时情境法可增强被试参与实验的真实感和沉浸感，更有可能激发被试的真实情感体验。这种研究方法有助于我们更深入地理解妒忌情绪的本质和影响，为预防和缓解妒忌情绪提供有效的参考依据。

4. 模拟情境法

在模拟情境法中，实验者会精心构建一个充满竞争氛围的场景。在这个场景中，被试往往不知道自己正在参加一项心理学实验，反而以为自己正身处在一场激烈的竞争面试中。比如，实验者告知被试正在参与一个学生工作岗位的面试。被试需要在面试前仔细阅读其他竞争对手的个人信息，以便对竞争对手有更全面的了解。面试结束后，实验者会告知被试他们未能成功通过面试，随后要求他们填写一份问卷，以评估他们对其他面试同学的妒忌程度。通过这种方式，实验者能够量化并深入研究被试在模拟竞争情境下所体验到的妒忌情绪。例如，Smallets等（2016）通过巧妙地模拟实习生招聘的情境，以探究被试在现实生活中类似的竞争环境下妒忌情绪的表现和变化。

同样，模拟情境法也适用于考察群体情境下的妒忌情绪。Gaviria 等（2021）精心设计了一项研究，旨在探究群体认同对 6—11 岁儿童妒忌表达的影响。研究者通过构建不同的群体竞争情境，观察儿童在面临被妒忌对象时的情绪和行为反应如何随群体认同的变化而变化。实验共设置了四种条件，每种条件下儿童被试均扮演故事中的弱势角色（即妒忌者）。条件一中未提及任何群体归属，仅存在妒忌者和被妒忌者的角色设定（让被试扮演妒忌者），以作为基准对照组。条件二为组内情境，儿童被试与被妒忌对象同属一个群体，同时与其他群体无竞争关系，被试同样扮演妒忌者。条件三为组间情境，儿童被试所在群体与另一群体竞争并失败。条件四则是混合情境，儿童被试与组内成员竞争代表权但落选，随后代表本组与外组进行竞赛，但本组最终在竞赛中失败。实验后，儿童被试需要将三个大小不同（大、中、小）的礼物袋分给组内三位同学：自己、被妒忌者和一个陌生人。研究者记录了儿童被试的语言反应和分配礼物的行为反应。语言反应的判定标准如下：如果儿童展现出因他人成功而难过且因他人的不幸而开心，则说明其对该对象产生了恶意妒忌；如果儿童因他人的成功而难过，同时也会因他人的不幸而难过，则表明其对该对象产生了善意妒忌；如果儿童因他人的成功而开心，同时因他人的不幸而难过，说明其对该对象没有产生妒忌情绪。行为反应的评价标准如下：如果儿童被试将大礼物袋留给自己，而将小礼物袋留给优秀伙伴，则代表其具有较高的恶意妒忌倾向。

（二）游戏体验法

在游戏体验法中，实验者创设游戏情境（如双人竞争赢钱的游戏），并设定程序使得被试处于不利地位（如在游戏中赢钱较少），以此来引发被试对赢钱较多者的妒忌情绪。

例如，Tanaka 等（2019）为了深入研究神经递质对妒忌情绪及其相关脑区的影响，巧妙地采用了最后通牒游戏范式来营造妒忌情境，见图 2-2。实验分两天进行。第一天主要进行三重优势测量任务（triple-dominance measure task），以评估被试的价值取向。在实验的第一阶段，被试聚集在同一房间内，各自在纸上写下自己和游戏玩伴的编号。随后，他们面临一系列关于金钱分配的选择题。被试需要在 10 秒内从三个选项中选择一个：A 选项代表与玩伴平分金额，体现亲社会倾向；B 选项则是被试获得的金额稍大一点，但两人总额与 A 选项一致，反映个人主义倾向；C 选项则是被试获得的金额远大于玩伴获得的金额，但两人总金额远小于 A 选项，显示出竞争主义倾向。在 8 个题目中，如果被试在超过 6 个题目中的选择一致，研究者会据此判断其价值取向。重要的是，被试在做出选择时并不知道谁与自己一组，也不会收到任何反馈，完成任务后将依据其所选选项获得相应奖励。第二天，实验进入改编的最后通牒博弈任务阶段。在这一阶段，被试会在短时间内看到提议者的姓名和面孔，随后需要在听到提示声后的 1 s 内做出决定：接受或拒绝对方的金钱分配提议。如果接受，则按提议分配金额；如果拒绝，则双方均无法获得任何金额。实验中，被试与提议者（由程序预设）的分配比例包括 7∶3、6∶4、5∶5、4∶6、3∶7、2∶8 和 1∶9 共 7 种可能，每种比例均随机出现 8 次。与之相类似，Steinbeis 和 Singer（2013）也采用了一项金钱奖励和惩罚游戏任务来衡量被试的妒忌与幸灾乐祸情绪。

二、测量妒忌程度

用于测量妒忌程度的方法主要有间接测量法和日记分析法。这两种方法可为研究者提供量化、深入的评估依据。通过综合运用实验测量法，我们可以更全面、深入地理解和研究妒忌情绪。接下来将详细介绍这些方法的运用。

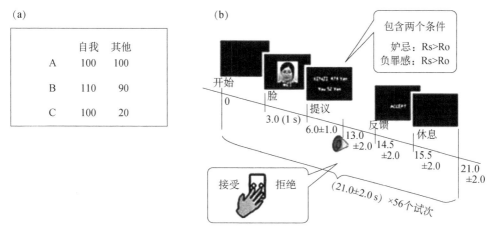

图 2-2　游戏体验法的实验流程图（Tanaka et al.，2019）

注：被试在（a）三重优势测量任务和（b）改编的最后通牒博弈任务中做出决策，每个被试都扮演了回应者的角色。改编的最后通牒博弈中同时包含有利提议（负罪感）和不利提议（妒忌）。Rs（reward for self）代表对自己的奖励；Ro（reward for others）代表对他人的奖励

（一）间接测量法

由于社会赞许效应，妒忌具有一定的内隐性，有时无法直接测量，这时可以采用间接测量法来测量被试的妒忌程度。该方法主要包括推测他人法、内隐测量法以及任务替代法。

1. 推测他人法

间接测量法与直接测量法相对，是指不直接询问被试本人的妒忌程度，而是通过让被试推断情境中他人的妒忌来反映出被试自己的妒忌程度。Habimana 和 Massé（2000）的实验研究了直接测量妒忌和采用推测他人法来间接测量妒忌的差异，发现被试在间接测量条件下比在直接测量条件下报告出更高的妒忌程度，且被试在间接测量条件下分数的全距更大，分数分布也更加接近正态。杨丽娴（2009）验证了这一实验，并加入了反应时指标。结果显示，直接测量与间接测量在反应时上无显著差异，由此认为在间接测量条件下，个体的确将妒忌感受投射到了他人身上。在直接测量条件下，被试可以意识到研究者在考察自己的妒忌程度，由于社会赞许效应，被试在报告时可能有所保留；而在间接测量条件下，被试以为研究者在考察自己对他人情绪的推测能力，并没有意识到研究者测量自己妒忌程度的真实目的，因此没有隐藏太多的妒忌情绪。

2. 内隐测量法

杨丽娴（2009）提出通过改编加工分离程序（process dissociation procedure，PDP）来测量被试的内隐妒忌程度。这个范式最初的假设是，任何特定行为中都同时存在自动化过程和控制过程（见知识窗 2-1），通过设计一种既对立又统一的任务，可以衡量每个过程所做的相对贡献。最初，这种范式主要被应用于记忆研究领域。随着内隐社会心理学的发展，该范式也被逐渐应用于内隐社会认知研究中，以分离社会认知中的自动化过程与控制过程。研究者假设面对被妒忌对象的成功时，个体也会做出自动化评价与控制性评价。自动化评价使被试产生拒绝被妒忌者的倾向，并做出不喜欢的反应；但由于担心遭到社会期望的谴责，控制性评价会使被试假装接受被妒忌对象并做出友善的反应。Shiffrin 和 Schneider（1977）提出，自动化加工运作速度快，且通常不需要付出太多的意志努力。基于这一点，杨丽娴（2009）在实验中设置了理性组与直觉组：理性组的被试需要经过深思熟虑来做出判断，而直觉组的被试则凭第一反应做出判断。实验者告知被试需对每一试次呈现的任务形成记忆和印象。实验共 24 个试次，各试次的实验材料均由一张同龄人照片和一行句子组成，其中句子分为妒忌情境（如"他比你更有人缘"）和认同情境（如"你和他无话不谈"）。之后，将刚刚出现过的 24 张人物照片与 12 张新照片随机呈现给被试，让他们对这些人的成功做出反应（选择"高兴"或"不高兴"）。被试需在两类测试条件下做出反应：第一类为一致测试，指导语为"只有你认同的对象，你才可以为他/她的成功高兴"。此时对于被妒忌对象，被试的自动化评价和控制性评价引发的都是同一种行为，即"不高兴"的反应。第二类为不一致测试，指导语为"只要是你认识的人，你都应该为他/她的成功而感到高兴"。研究结果表明，在影响妒忌的两种成分中，控制成分起着主导作用；而当认知资源欠缺时，自动化成分就会发挥作用。

知识窗 2-1

自动化过程和控制过程

心理学中的自动化过程和控制过程是描述心理活动操作的两个不同方面。

自动化过程是一种不需要任何目的、不需要耗费认知资源、主体没有意识到心理活动操作的高效的心理加工过程。它具有四个显著特征：无目的性、无意识性、不可控制性和有效性。自动化加工过程不需要有意识的目的或目标，只需某种引发刺激出现，信息的加工过程便自动开始。这一过程可以在意识之外进行操作，主体并未意识到。由于没有意识到自动化加工过程，主体很难对其进行控制。然而，这种加工过程非常有效，它只需耗费有限的注意资源或者不耗费注意资源，其加工过程不受注意资源的限制。简而言之，自动化过程就是个体在无须有意识努力的情况下，对环境中的信息进行快速、有效的处理。

与自动化过程相对的是控制过程。在控制过程中，主体需要有意识地参与和调节心理活动，以实现特定的目标或解决特定的问题。这一过程通常涉及更多的认知资源和注意分配，主体对加工过程有明确的意识和控制能力。控制过程在需要精确、复杂和新颖的思维任务中尤为重要，如逻辑推理、决策制定和创新思考等。

杨丽娴（2009）提出用内隐联想测验来测查内隐妒忌程度。研究者告诉被试该任务的目的是测量记忆对手眼协调能力的影响（实验幌子），被试最开始需要完成三个练习，即用指定的反应键对四种类型的刺激进行分类，类别分类词标签为"我们""他们"；属性分类词标签为"积极""消极"。被试先对效价词进行分类，共 20 次，然后对照片进行分类，共 20 次，最后进行联合练习 20 次。这 3 个任务结束之后，要求被试暂停回忆并描述自己曾经历过的妒忌情境（妒忌组）或中性情境（控制组）。诱发妒忌或中性情绪之后，让被试暂停回忆，继续完成联合任务（实验中多次让被试暂停任务来回忆过往妒忌事件，以保证情绪诱导贯穿实验始终）。结果发现：妒忌组与控制组的被试对群体之间的关系具有不同的反应。妒忌组中，被试在相容任务（"我们"＋"积极词"/"他们"＋"消极词"）和不容任务（"他们"＋"积极词"/"我们"＋"消极词"）中的潜伏期差异不显著；控制组中，被试在相容任务中的潜伏期（$M=699.401$，$SD=154.959$）要明显短于不相容任务的潜伏期（$M=822.683$，$SD=217.761$）。

3. 任务替代法

任务替代法是一种将复杂的、难以直接测量的内心体验转化为可量化的行为指标的方法。与传统的自我报告量表相比，这种方法通过一系列任务诱发被试的妒忌情绪，并推理被试由此会产生何种行为，进而观察他们的表现，以此来量化那些难以直接观察到的内心情感。接下来，我们将详细探讨一些具体的例子，以期提供有价值的参考。

Smallets 等（2016）将被试在做困难任务时的持久性作为测量善意妒忌的指标。具体来说，研究者设计了一个具有挑战性的拼字游戏，要求被试重新排列单词字母以形成一个新的短语。被试有 15 分钟的时间来完成 3 个拼字任务，任务过程中可以随时选择停止。研究者认为,更长的持久性(以秒为单位)可以反映出被试更愿意付出时间和努力来提升自己,这与善意妒忌的心理特征相吻合。因此,他们使用参与游戏的时长作为善意妒忌的量化指标,以此来量化妒忌这个难以直接测量的心理现象。

那么,他们又是如何将恶意妒忌转化为外显的客观行为指标呢?为此,Smallets 等(2016)设计了一系列精心安排的实验环节。首先,他们向被试呈现了一个"优秀他人"的角色——谷歌公司的实习生。通过模拟这一情境,研究者为被试创造了一个可能引发妒忌情绪的环境。在模拟情境结束后,研究者提出了一个关键问题——"是否愿意将来在谷歌公司担任实习生",并询问了被试愿意担任的时长。被试的回答成为衡量其恶意妒忌情绪的重要行为指标。研究者假设,如果被试对"优秀他人"产生了恶意妒忌,他们可能会表现出对加入谷歌公司的意愿较低,或者愿意担任的时长较短。这种消极的态度反映了恶意妒忌情绪下个体对他人成功的抵触心理。此外,研究者还进一步询问了被试购买谷歌公司产品的意愿。这一环节的设计旨在通过消费者的购买意愿来间接反映恶意妒忌的程度。研究者假设,被试的恶意妒忌情绪越高涨,可能越不愿意购买与"优秀他人"相关联的产品,因为这种行为可能会加深被试内心的挫败感和不满。

通过这些巧妙的实验设计,研究者成功地将善意妒忌和恶意妒忌这两种难以直接测量的心理现象转化为可观察、可量化的客观行为指标。这种任务替代法不仅提高了研究的客观性,还为后续关于妒忌情绪的研究提供了有益的参考和启示。

(二)日记分析法

日记分析法是一种深入挖掘个体日常体验的研究方法,通过在一段特定的时间内对被试进行重复测量的结构式自我报告调研来收集数据。具体来说,这种方法要求被试在调研期间内每日完成一份相同的问卷,以此来追踪因变量随自变量变化的趋势。通常,日记分析法的实施周期为两周,这有助于研究者捕捉到被试的情绪和行为在日常生活中的自然波动情况。对通过日记分析法所获得的数据往往采用多层线性模型(hierarchical linear model,HLM)和混合线性模型(mixed linear model,MLM)进行统计分析。这些模型能够处理数据的层次结构,并且考虑到了个体间的变异和个体内的时间序列变化,从而提供更为精确的分析结果。通过综合运用诱导妒忌情绪的方法和测量妒忌程度的方法,我们能够从多个角度深入理解和研究妒忌情绪,这有助于增进我们对妒忌情绪复杂性的理解,为心理学、社会学乃至市场营销等领域提供宝贵的建议。

第三节 认知神经科学技术

在介绍完有关妒忌情绪的行为测量之后，本节将深入探讨几种常用的认知神经科学研究技术。可以说，大脑是世界上最为精妙、复杂的系统，不仅控制着我们的身体，还孕育了我们所有的行为和感受，而认知神经科学研究技术致力于探究大脑如何执行心理和认知功能。本节根据非侵入性的特点，将常用的认知神经科学研究技术分为两大类：一类是血流动力学技术，包括磁共振成像（magnetic resonance imaging，MRI）技术、功能性近红外光谱技术（functional near-infrared spectroscopy，fNIRS）；另一类则是电生理技术，如脑电图（electroencephalogram，EEG）、脑磁图（magnetoencephalography，MEG）、经颅直流电刺激（transcranial direct-current stimulation，tDCS）。通过综合运用这些认知神经科学研究技术，我们能够更全面、深入地理解和探究妒忌情绪的脑结构与脑功能基础。接下来，我们将详细介绍这些研究技术的原理和应用。

一、磁共振成像技术

磁共振成像是 20 世纪 80 年代发展起来的一种全新的影像检查技术。这项技术依托于人体组织内氢原子核的核磁共振（nuclear magnetic resonance，NMR）现象，通过接收射频信号并经计算机处理，构建出人体特定层面的图像。由于人体组织中水和含氢化合物的含量丰富，氢原子核的核磁共振信号强烈且易于识别，使得成像质量得以保证。

在磁共振成像检查过程中，个体被置于一个强磁场环境中。当施加特定频率的电磁波照射时，个体体内的氢原子核会吸收这些电磁波的能量，产生共振吸收。射频脉冲结束后，这些氢原子核便会释放出它们吸收的部分能量，以电磁波的形式辐射出来，这个过程被称为共振发射。核磁共振现象包括共振吸收和共振发射两个阶段。实验者通过分析这些发射出的电磁波的能量衰减变化，并结合电子计算机的处理，利用梯度磁场进行层面选择、频率和相位编码。随后，通过二维傅里叶变换，将不同频率和相位的核磁共振信号整合起来，从而区分出图像上不同位置的信号强度。最终，这些信息被用来重建出人体特定层面的图像，以便比较不同组织之间的差异。

磁共振成像技术主要分为两大类：结构性磁共振成像（structural magnetic resonance imaging，sMRI）和功能性磁共振成像（functional magnetic resonance imaging，fMRI）。sMRI 可提供高分辨率的解剖结构图像，而 fMRI 可测量大脑活动，揭示认知、感觉、运动等功能性过程。这两种技术共同为医学诊断和神经科学研究提供了宝贵的工具。

（一）结构性磁共振成像

结构性磁共振成像（sMRI）以其较高的软组织分辨率和鉴别能力，成为获取大脑结构详细信息的理想选择。sMRI 不仅提供了形态学数据，还揭示了大脑的功能特性。例如，我们可以使用 sMRI 清楚地区分大脑的灰质与白质，这对于诊断脑部结构异常，如肿瘤、脑萎缩等具有重要作用。此外，sMRI 在精神疾病的辅助诊断方面也发挥着重要作用，能够分析脑结构的体积或密度变化，并通过弥散加权成像（diffusion weighted imaging，DWI）提供结构连接信息，从而评估大脑不同区域之间的解剖连接。

在具体的研究应用中，sMRI 技术已被用来探索特定群体的大脑结构差异。例如，Franco-O'Byrne 等（2021）比较了青少年犯罪群体和非犯罪群体的大脑结构。结果显示，较低的妒忌体验与大脑结构的异常有关，尤其是那些涉及心智化能力的区域，如下顶叶（inferior parietal lobe）和楔前叶（precuneus），以及与社会情绪处理能力相关的区域，如颞下回和颞中回（inferior and middle temporal regions）的灰质体积减小有关。

（二）功能性磁共振成像

功能性磁共振成像（fMRI）能够揭示大脑在执行特定任务时的活动模式。与结构像相比，功能像要模糊很多，能反映出来的解剖信息也相对较少，但是它可以提供大脑活动的动态信息。fMRI 主要基于神经元活动与局部血流量之间的关联：当大脑的某个区域被激活时，该区域的血流量会增加，以满足能量需求。这种血流量的增加导致氧合血红蛋白（oxyhemoglobin，Oxy-Hb）的相对增加，超过了氧气的实际消耗量。而脱氧血红蛋白（deoxygenated hemoglobin，Deoxy-Hb）是一种顺磁性物质，因此会干扰局部磁场，影响核磁共振信号。当脱氧血红蛋白的浓度升高时，核磁共振信号衰减加快，此时脑部特定区域在影像上的信号强度减弱，表明该区域处于休息状态；相反，当脱氧血红蛋白浓度降低时，核磁共振信号衰减变慢，脑部相应区域的信号强度增强，表明该区域处于激活状态。

根据扫描时大脑是否执行特定任务，fMRI 又可进一步细分为两大类：任务态 fMRI（task-based fMRI）和静息态 fMRI（resting-state fMRI，rs-fMRI）。任务态 fMRI 用于捕捉个体执行特定任务时的大脑活动，而静息态 fMRI 则在个体没有执行特定任务的情况下，探究大脑的自发性活动和网络连接情况。这两种 fMRI 技术为我们理解大脑功能和疾病状态下的大脑变化提供了重要视角。

1. 任务态 fMRI

任务态 fMRI 是一种通过让被试执行特定任务来激发大脑活动的神经成像技术。这种方法能够观察血流和氧摄取之间的不平衡，这种不平衡通过敏感的 MRI 成像序列被捕捉到并被转化为脑功能成像，从而揭示个体在执行特定任务时大脑相关区域的激活状况。任务态 fMRI 通常采用模型驱动的分析方法，如广义线性模型（generalized linear model，GLM），同时结合血氧水平依赖（blood oxygen level-dependent，BOLD）的动力学响应函数（hemodynamic response function，HRF），以分析大脑活动与特定任务之间的关联。例如，Takahashi 等（2009）采用角色代入范式诱发个体的妒忌情绪状态。结果发现，当竞争对手在与自我相关的领域内表现出优越性时，人们更有可能会经历强烈的妒忌感，由此显著激活了前扣带回皮层和背侧前扣带回皮层（dorsal anterior cingulate cortex，dACC）。特别地，随着被妒忌者的自我相似性和优越性维度得分的升高，背侧前扣带回皮层的激活显著增强，这表明这些脑区在个体处理妒忌情绪时发挥着关键作用。

2. 静息态 fMRI

静息态 fMRI 最初由 Biswal 等在 1995 年提出。静息态是指大脑不执行具体认知任务，保持安静、放松、清醒时的一种自然状态，是大脑所处的各种复杂状态中最基础和最本质的状态。在进行静息态 fMRI 扫描时，常见的指导语是"接下来的一段时间，你只需要闭上眼睛休息，保持头部不动，但不要睡着"。人在做任务的时候，大脑是很专注的，但是在休息的时候，大脑就比较天马行空。

静息态 fMRI 以其无创性、简单性及稳定性而受到青睐。当前这类研究主要集中在两个方面：一是根据静息状态下大脑的自发活动数据分析大脑的功能连接；二是根据静息态下大脑的自发活动异常数据来对患者进行临床检测、诊断和治疗。静息态 fMRI 被广泛应用于精神分裂症、儿童注意缺陷多动障碍（attention deficit and hyperactive disorder，ADHD）以及抑郁症等的早期检测、诊断和治疗方面。例如，Liu 等（2006）探究了精神分裂症患者在静息状态下的大脑活动，发现精神分裂患者的双侧额叶、枕叶、颞叶、小脑后叶、右侧顶叶和左边缘叶均存在神经活动同步性下降的现象。另外，近些年来，越来越多的研究者关注自然刺激条件下的静息态研究，其背后的假设是如果特定脑区负责某种心理过程，那么不同个体将会呈现出相似的神经活动模式，以此揭示人脑的认知神经机制。相对于传统的静息态研究，自然刺激下人脑活动模式的相似性为揭示人脑功能提供了新窗口，有助于我们更深入地理解大脑如何响应自然刺激，以及这些响应背后的神经机制。

二、功能性近红外光谱技术

功能性近红外光谱技术（fNIRS）是一种先进的脑成像技术，该技术通过利用近红外光（600—900 nm）来探测大脑活动时氧合血红蛋白和脱氧血红蛋白的浓度变化。当大脑皮层受到刺激时，神经活动增加导致氧合血红蛋白的消耗，进而使得脱氧血红蛋白的浓度上升。随后，由于血液循环的调节作用，供氧量增加，使得氧合血红蛋白浓度上升而脱氧血红蛋白浓度下降。这一过程反映了大脑活动与血流动力学之间的密切联系。fNIRS 以造价相对较低、便携性佳、无噪声干扰、无创性操作以及对被试动作的高容忍度等显著优势，成为脑功能成像研究领域的重要工具。它不仅适用于常规的实验室环境，还能在更自然、更多样化的实验条件下使用，如在运动、社交互动等复杂场景中进行实时监测。特别值得一提的是，fNIRS 对于低幼儿童、老年人以及特殊需求群体的脑功能成像研究尤为适宜，因为它能够减少这些群体在传统脑成像技术中可能遇到的不适和限制。此外，fNIRS 的高时间分辨率使其能够捕捉到快速的神经活动变化，而其对头部轻微移动的不敏感性，也使其在研究中具有更高的灵活性和实用性。

近年来，基于 fNIRS 的超扫描（hyperscanning）技术能够在自然交互场景下同时记录两个或多个被试的大脑激活状态或神经活动。超扫描是指借助神经影像学技术同时记录共同完成某一认知活动的多人脑活动技术，可用于分析大脑信号间的相似性、相关性、相干性以及因果关系等。这种技术为我们提供了深入理解人际互动中大脑活动同步性的新途径。例如，Brockington 等（2018）认为模拟的实验环境可能无法解释真实课堂活动中存在的所有变量，因此，他们采用

fNIRS 在真实的课堂环境中探究教学互动，以获取更贴近实际教学场景的神经活动数据，从而更精准地解析自然教学环境下的互动机制。他们监测了儿童的前额叶皮层（prefrontal cortex，PFC）和教师的颞顶交界处（temporoparietal junction，TPJ）的活动，以探究在教育互动过程中儿童与教师之间的神经活动关联。研究假设教师的 TPJ（涉及社会功能，如同理心和心理化）活动与儿童的前额叶皮层（涉及高阶认知过程，如计数或计算）活动之间会有耦合。实验结果表明，儿童的前额叶皮层信号与教师的前 TPJ 之间存在正相关关系，同时教师和儿童的前额叶皮层之间也存在正相关关系。这些发现揭示了在自然教育互动中儿童和教师的神经活动之间的一致性。

随着技术的进步，fNIRS 正逐渐成为认知神经科学、心理学、教育学以及临床神经学等多个领域中不可或缺的研究手段，为深入理解大脑功能和探索大脑疾病的诊断与治疗提供了新的视角和工具。

三、脑电图

脑电图（EEG）是一种记录大脑自发性、节律性活动的电生理技术。大脑由数以亿计的神经元构成，这些神经元之间通过兴奋或抑制的连接相互作用，构成了思维活动的基础。大脑中的神经元接收来自其他神经元的信号，当这些信号的能量累积超过一定的阈值时，便会产生脑电波。EEG 通过捕捉大脑活动时的脑电波变化，记录脑神经细胞的电生理活动在大脑皮层或头皮表面的总体反应。为了检测到脑电波，我们通常将电极放置在人的头皮上，利用专门的设备放大并记录这些自发性生物电位，将电活动的电位作为纵轴，将时间特征作为横轴，由此记录下来的电位与时间相互关系的平面图即为脑电图。

然而，由于意识或思维难以被简单归因于大脑的特定部位、组织、细胞或神经递质的变化，对高级心理活动（如记忆等）认知过程进行客观评价存在挑战。事件相关电位（event related potential，ERP）技术应运而生。ERP 是一种特殊的脑诱发电位，通过有意地赋予刺激特殊的心理意义，利用多个或多样的刺激所引起的脑电变化，反映个体在认知过程中大脑的神经电生理变化。ERP 具有无创伤性、时间分辨率高、对环境要求相对较低和操作简单等优点，可以在无行为反应的情况下实时内隐地检测个体的心理生理活动。与其他技术相比，ERP 技术的最大优势在于其毫秒级的时间分辨率，能够精确、实时地显示认知活动不同时间进程中的脑功能活动状态，深入研究脑电波的特性可以加深我们对人类大脑的认识。例如，Zhong 等（2013）利用 ERP 技术，同时结合经典的 Oddball 范式探究妒忌情绪，结果发现，高妒忌和中等妒忌目标比低妒忌目标引发了更大的 P300 波幅，说明个体在处理高妒忌相关刺激时可能分配了更多的注意资源。

四、脑磁图

脑磁图（MEG）是一种无创的脑功能检测技术，通过捕捉大脑神经元活动产生的微弱磁场变化来揭示脑功能状态。MEG 利用超导量子干涉仪（superconducting quantum interference device，SQUID）等高度灵敏的磁传感器，探测头皮外的微弱脑磁场信号，并借助复杂的数学模型和算法，将这些信号转换为大脑内部的电流源分布图像。MEG 技术以其毫秒级的时间分辨率和毫米级的空间分辨率脱颖而出，提供了对活动神经元的精确定位和信号测量的高灵敏度。由于信号不受组织导电率和颅骨厚度的影响，MEG 在定位精度和信号灵敏度上具有显著优势。此外，MEG 的无创性、静音环境、无磁场和无辐射的特性，使其在脑功能基础研究和脑疾病临床诊断中受到广泛欢迎。

MEG 的应用范围广泛，包括但不限于颅脑手术前的脑功能定位、脑功能损害判定、癫痫外科的病灶定位以及神经精神疾病的诊断，特别是在癫痫外科的病灶定位方面，MEG 展现了其成熟且重要的作用。随着技术的发展，MEG 系统正变得更加便携和易于使用，扩展了其在自然运动状态下的应用范围，例如，基于无自旋交换弛豫（spin-exchange relaxation-free，SERF）技术的原子磁力计（optically pumped magnetometer，OPM）的发展，使得 MEG 系统小型化成为可能，进一步推动了 MEG 技术在更广泛领域的应用。

五、经颅直流电刺激

经颅直流电刺激（tDCS）是一种非侵入性脑刺激技术，通过在头皮上放置电极，利用恒定、低强度的微弱直流电（0.5—2 mA）来调节大脑皮层神经细胞的活动。阳极刺激可以使神经细胞膜电位去极化，从而增强皮层的兴奋性并允许神经元细胞进行更多的自发放电；阴极刺激则会使静息膜电位超极化，进而抑制神经元细胞的兴奋性。tDCS 因其潜在的治疗价值，被广泛用于治疗帕金森病、抑郁症等精神疾病，同时在健康人群中也显示出能够提高个体在完成特定任务时的认知功能和情绪调节能力的作用。

Kelley 等（2015）利用 tDCS 技术来探究前额叶皮层活动对妒忌情绪的影

响。在实验中，被试被随机分配到三种实验条件下：增加相对左前额叶皮层活动（阳极 F3/阴极 F4）、增加相对右前额叶皮层活动（阴极 F3/阳极 F4），以及假刺激条件。实验开始前，被试首先参与了一个虚拟投球游戏的练习环节，以熟悉游戏操作（在这一阶段，球被投给被试）。随后，被试接受了 15 min 的 tDCS。在 tDCS 开始后的 10 min，被试进入了正式的投球游戏环节。游戏分为两个阶段：前 2 min，所有被试都被包含在游戏内，球被投给他们；然而，在游戏的后半部分，一半的被试被排除在外，不再接到球。实验结束后，被试需要填写一份情绪问卷。结果显示，被排除在外的被试比被包含在内的被试报告了更高水平的妒忌情绪，特别是在被排除在外的被试中，那些接受增加相对左前额叶皮层活动的 tDCS 的个体报告了最高水平的妒忌情绪。这些发现表明，通过 tDCS 增强相对左前额叶皮层活动可以增强个体因社交排斥而引发的妒忌情绪。

　　本节中，我们详细阐述了几种被广泛应用于认知神经科学领域技术的基本原理及其在妒忌领域中的应用。然而，针对妒忌情绪的研究，目前，主要依赖于 fMRI 和 EEG 技术。尽管其他技术在妒忌情绪研究中的应用尚不广泛，但通过将行为测量与这些先进的神经科学技术相结合，未来能够对妒忌情绪有更全面和深入的理解。

第三章

妒忌的影响因素

骄傲的人必然妒忌，他对最有德性、受人称赞的人便最怀忌恨。

——《伦理学》（de Spinoza，2017）

上一章，我们已对妒忌的概念、分类及其诱发方式、测量方法进行了深入的介绍。妒忌的产生并非由单一因素所致，而是受到多种复杂因素的影响。那么，究竟有哪些因素在幕后悄然作用，导致妒忌的产生呢？本章，我们将一同探索影响妒忌的多维度因素，从人口学因素、人格因素、社会文化因素、心理因素、生理及其他因素等方面回顾前人研究，以求全面揭示妒忌的影响因素。

第一节　人口学因素

一、性别

人们可能有一种女性比男性更善于妒忌的刻板印象，可事实是否真的如此呢？不少研究者对这一问题持否定态度。例如，Hill 和 Buss（2006）的研究表明，无论是男性还是女性，都会更加妒忌与自己性别相同的他人。这与第一章第一节在影响妒忌的强烈程度因素那里提到的相似性有关，人们更容易妒忌与自己人口学特征相似的人。

鉴于社会比较是妒忌产生的重要因素，其背后的社会规范与压力对不同性别的人群施加着刻板化的期望与要求，这可能导致男性和女性在妒忌情绪与感受上呈现出显著差异。首先，这种差异体现在比较对象和比较频率上：男性在社交媒体上更喜欢与陌生人进行比较，而女性往往更倾向于频繁地进行比较，不论比较的对象是熟悉的人还是陌生人（史美林，2018）。其次，妒忌情绪产生的性别差异还体现在领域的差异上。Erz 和 Rentzsch（2024）在一项纵向研究中发现，女性相较于男性表现出更高的一般妒忌、吸引力妒忌（attraction envy）和能力妒忌（competence envy），但二者在财富妒忌（wealth envy）上没有显著差异。Henniger 和 Harris（2015）发现，男性比女性更容易妒忌职业成功的他人，而女性比男性更容易产生容貌上的妒忌。学者还研究了性别对"被妒忌"感知的影响。例如，Henniger 和 Harris（2015）发现，女性比男性更容易受到同性别者的妒忌。Goldstein 等（2001）发现，男性的额内侧皮层、杏仁核和下丘脑的体积更大，而前额叶皮层（尤其是背侧前额叶皮层）与情绪调节有关，性别差异可能会影响这一区域的功能，进而影响妒忌情绪的控制和调节。但是也有研究揭示，性别差异并未导致妒忌随年龄增长的变化趋势出现分化（Erz & Rentzsch，2024）。

关于性别差异对妒忌情绪影响的研究，目前所呈现的结果主要反映了传统理论框架对刻板印象下男女社会分工模式的片面观察。性别角色的传统定义往往限制了我们对妒忌情绪复杂性的理解。实际上，性别不应成为决定妒忌情绪发展轨迹的唯一因素。学术界正逐渐认识到，性别与妒忌情绪之间的关系远比我们想象的要复杂得多。因此，我们不能简单地将妒忌情绪归因于性别差异，而应该从更广阔的角度探究其背后的复杂机制。我们需要打破刻板印象的束缚，以更为开放和严谨的学术态度进行研究。同时，我们也应积极推动性别平等教育，帮助个体树立科学完善的性别观念，消除人们对性别的刻板印象。只有在这样的背景下，我们才能更准确地评估性别对妒忌情绪的影响，为男性和女性创造更加公平、和谐的发展环境，促进他们自由而全面地发展。

二、社会经济地位

Bolló 等（2020）研究了主观社会地位（subjective social status，SSS）和客观社会地位（objective social status，OSS）对妒忌情绪分别产生的影响。下面先来了解一下主观社会地位和客观社会地位的概念。主观社会地位较高的个体在日常生活中经常受到他人的尊重和钦佩，并且在其所属的社会群体，如家庭、工作场所或朋友圈中拥有相对较大的影响力。与此相反，主观社会地位较低的个体在社会群体中的影响力相对较小，得到的尊重和钦佩也相对较少。据此，主观社会地位在本质上取决于社会共识。与主观社会地位相反，客观社会地位是指有形财产、物质所有物和教育背景等，通常以收入、经济财富、教育水平、住宅类型、生活用品和汽车等方面来衡量。主观社会地位和客观社会地位之间并不一定存在明确的联系（Centers，1949）。客观社会地位低的人不一定认为自己低人一等，因为他们在社会群体中可能拥有很高的主观社会地位。尽管在物质财产上并不具有优势，但他们可能仍然受到尊重和钦佩。与此同时，那些享有高薪待遇或拥有豪华汽车的人，尽管在客观社会地位上显得卓越，但倘若未能对关键社会群体产生实质性的影响，他们仍可能感受到不被赏识与尊重。

在 Bolló 等（2020）的研究中，被试被随机分配到两种实验组别：客观社会地位组和主观社会地位组。在客观社会地位组中，被试需要在头脑中回忆真实生活中遇到的一位朋友或者熟人：她/他的物质条件比自己优越（比如，有更多的钱、家庭条件富裕、有名牌汽车等）。被试需要以书面形式回答以下问题：①你们认识多久了？②你们是怎么认识的？③你和这个人的关系怎么样？④这个人有哪些你渴望获得的东西？而在主观社会地位组中，被试需要回忆他们认为在人际中更受尊重的朋友或熟人，同样需要回答上述四个问题。实验发现，那些在他人眼中受到更多尊重的人比那些更富有的人更容易成为妒忌的对象。这表明，主观社会地位在妒忌的产生中扮演了更重要的角色。换言之，与被他人尊重的社会优势相比，物质优势在妒忌的产生中并不是主要因素。主观社会经济地位与个人的身份认同更为紧密相关，因此当感觉到自己在社会尊重和影响力方面不如他人时，个体更容易产生妒忌情绪（Ren et al.，2023）。

有学者研究了在中国的集体主义文化下，主观社会经济地位对妒忌的影响（Ren et al.，2023）。结果表明，主观社会经济地位与特质妒忌得分、善意妒忌和恶意妒忌得分呈负相关，即主观社会经济地位较低的个体可能会呈现出较高的特质妒忌、善意妒忌和恶意妒忌；控制感负向中介了主观社会经济地位与特质妒忌、善意妒忌以及恶意妒忌之间的关系，即主观社会经济地位的提高会增强个体的控制感，而控制感的升高使得妒忌程度降低。此外，关于低收入家庭儿童的静息态 fMRI 研究发现，这些儿童的杏仁核和海马体（hippocampus）与右上额叶皮层等脑区的功能连接较弱（Barch et al.，2016）。杏仁核和海马体是大脑中与情绪处理密切相关的区域，而右上额叶皮层则与社会认知和决策制定有关。这种较弱的功能连接可能意味着低收入个体在情绪信息处理方面存在障碍，这可能使他们在面对社会比较时更容易产生妒忌情绪。研究还发现，社会经济地位对大脑功能的影响可以追溯到婴儿期，在 6 个月大的婴儿中，社会经济地位就已经对大脑功能的成熟和发展产生影响（Gao et al.，2015）。

社会经济地位不仅通过影响个体的社会地位感来影响妒忌情绪，还可能通过影响大脑结构和功能来间接影响妒忌情绪的产生。这些研究不仅深化了我们对妒忌情感产生机制的理解，也为未来预防和缓解妒忌情感提供了有益的启示。在日常生活和社交互动中，我们应当注重培养个体的主观社会地位和控制感，通过相互尊重、理解和支持，共同营造一个更加和谐、积极的社会环境。

三、出生次序

在介绍出生次序对妒忌的影响之前，我们先来看下面这则新闻：

2013 年，3 岁的女孩婷婷咬紫了刚出生几个月大的妹妹的手指，任凭家人怎么说教，就是不肯松开。原因竟然是，婷婷感觉几个月大的妹妹夺走了妈妈原本给自己的爱。最让家人哭笑不得的是，有一次婷婷竟然挖出自己鼻屎喂给妹妹吃。①

心理学家凯文·莱曼（Kevin Leman）在其著作《出生次序之书：为什么你是现在的你》（*The Birth Order Book：Why You Are the Way You Are*）中提到，孩子的出生顺序对其人格、性格的塑造、未来发展起决定性影响（Leman，2009）。众多心理学者提出，兄弟姐妹为了得到父母的关爱而相互竞争，这是成年后妒忌的雏形。罗素在《幸福之路》一书中提及：偏爱一个孩子而冷落另一个孩子，哪怕再细微的举动也会被立即察觉并引发愤怒（Russell，2015）。

有些学者认为年长的孩子更容易产生善妒的性格，因为父母可能经常要求年长的孩子谦让和照顾年幼的弟弟妹妹。年长的孩子需经历从"父母的爱全在自己身上"到"弟弟妹妹与自己分享父母的爱"的过程。从进化论的角度而言，事实上，父母常常将更多的关注投入在了第一个孩子身上（Clanton & Kosins，1991）。在中国历史上，如汉、唐时期以后，封建帝王主要实行长子继承制。在中国的朝鲜族、苗族、白族和纳西族等大部分地区，长子在财产继承上也享有优先权。如果家庭中父母将更多的注意力放在第一个孩子身上，可能会让年幼的孩子有意无意地与姐姐或哥哥竞争父母的关注，导致其更容易产生妒忌心理。

这些研究深刻地提示着，身为多子女家庭的父母，应当致力于平等地关爱每一个孩子，努力减少恶意妒忌侵蚀孩子心灵的机会，为他们的健康和幸福成长提供坚实的保障。父母公平和均衡地关爱每一个孩子，可以有效地减少孩子之间因竞争关注而产生的妒忌，培养他们成为更有爱心和更具合作精神的个体。

第二节　人　格　因　素

在分析一个人的情绪与行为反应时，总是绕不开人格这个话题，人格在妒忌的影响因素中无疑扮演着举足轻重的角色。每个人的独特性格、价值观和行为倾向，都深刻影响着他们对他人成功的看法和反应。因此，探讨人格因素对妒忌的影响，不仅有助于我们更深入地理解妒忌的影响因素，也能为我们提供预防和缓解妒忌情绪的有效切入点。

---

① 3 岁女童不满二胎妹妹 咬紫其手喂其吃鼻屎. https://www.163.com/edu/article/AR1095DC00294MO6.html.（2015-06-01）.

一、大五人格

大五人格几乎可以涵盖人格的所有方面，其五个维度分别为开放性（openness）、责任心（conscientiousness）、外倾性（extraversion）、神经质（neuroticism）和宜人性（agreeableness）。Smith 等（1999）的研究表明，神经质与妒忌得分呈正相关。Wallace 等（2017）关于社交媒体使用的研究也得出了相似的结果：在大五人格中，只有神经质得分和社交媒体中的情境妒忌呈正相关，宜人性、外倾性和责任心得分均与妒忌呈负相关，而开放性与妒忌无相关关系。该研究还发现，神经质得分调节着个体使用社交媒体时长与抑郁症之间的关系：对于高神经质得分的个体来说，花费在社交媒体上的时长与抑郁症状呈正相关；而对于低神经质得分的个体来说，花费在社交媒体上的时长与抑郁症状没有相关关系。此外，神经质得分与社会比较程度、妒忌得分均呈显著正相关，表明神经质得分高的个体，更容易与他人进行社会比较，并容易感知到妒忌情绪。值得一提的是，Wallace 等（2017）对 Smith 等（1999）开发的原始妒忌量表进行了修订，以适应 Facebook 环境，从而形成了 Facebook 情境妒忌量表（Facebook-Situational Envy Scale），使其更贴合在线社交网络的特定情境。此外，修订版大五人格量表（Revised NEO Personality Inventory，NEO-PI-R）中的神经质能够介导额下回（inferior frontal gyrus，IFG）/额中回（middle frontal gyrus，MFG）局部一致性（regional homogeneity，ReHo）与妒忌的关系（Xiang et al.，2016）。目前，多数研究聚焦在神经质对妒忌的促进机制上，未来研究可以重点关注宜人性、外倾性和责任心对妒忌的负向预测机制。

二、利他倾向

利他倾向（altruistic tendency）是一种有益于他人的亲社会行为倾向，其特征是自愿地促进他人福祉（Batson & Shaw，1991）。从个体角度来看，利他倾向作为一种高尚的美德，能够给行为者带来更快乐和有意义的生活。从社会角度来看，利他在构建和谐社会中扮演着重要角色。

Xiang 和 Zhou（2024）通过纵向研究设计揭示了利他倾向与妒忌之间的复杂关系。该研究共有 513 名高中生参与，运用交叉滞后分析（cross-lagged analysis）来探索这些变量之间的长期稳定关系。结果表明，利他倾向与恶意妒忌之间存在长期稳定的双向负相关关系，这意味着个体若表现出较高的利他倾向，则其恶意妒忌情绪水平往往较低，反之亦然；同时，利他倾向与善意妒忌之间存在短期的双向正相关关系，表明短期内利他倾向的升高可能会激发个体的善意妒忌，而善意妒忌也可能促使个体展现出更多的利他行为。

随后，研究者又要求 109 名被试连续 7 周记录他们日常生活中的利他倾向以及善意妒忌、恶意妒忌的状态水平，并通过多层线性模型对被试年每周的日记进行深入分析，结果进一步验证了利他倾向与善意妒忌之间的双向正相关关系，以及利他倾向与恶意妒忌之间的双向负相关关系（Xiang & Zhou，2024）。这一发现不仅为我们理解利他倾向与妒忌之间的动态关系提供了新的视角，也为如何有效预防和干预恶意妒忌情绪、促进善意妒忌与利他行为的共同发展提供了有益的启示。

三、黑暗三联人格

黑暗三联人格（dark triad）由三个各自独立而又相互交织的人格特质构成，它们分别是马基雅维利主义（machiavellianism）、自恋（narcissism）、精神病态（psychopathy）。这些特质共同构成了一种倾向于操纵、自我中心和缺乏同情心的人格结构。

马基雅维利主义又称权术主义，由 16 世纪意大利政治家马基雅维利提出，是一种为达到目标不择手段，甚至不惜牺牲他人的利益的倾向。此类人在交往初期或者表面上往往擅于伪装和奉承，实则暗中操纵别人以达成自己的目的（Machiavelli，2019）。多项研究指出，妒忌与马基雅维利主义存在显著的正相关关系，如 Vecchio（2005）的研究发现，具有较高马基维利亚得分的个体倾向于感知更高水平的被妒忌感。此外，Abell 和 Brewer（2018）在女性被试群体中发现，马基雅维利主义水平较高的女性在面对同性朋友在恋爱关系中的不幸以及美丽容貌受损时表现出更高水平的快乐感。而 Lange 等（2018）的研究显示，无论是善意妒忌还是恶意妒忌，均与马基雅维利得分呈正相关。

自恋是指个体持续需要获得他人的钦慕，对自身过分专注沉迷，认为自己更优越，应该获得特殊待遇的人格特质（郑涌，黄黎，2005）。自恋被分为显性自恋（overt/grandiose narcissism）和隐性自恋（covert/hypersensitive narcissism）两种类型。显性自恋者可能会表现出自我中心、漠视他人、人际对抗性等特点，而隐性自恋者可能会表现出过度敏感、自尊脆弱等特点。Neufeld 和 Johnson（2016）的研究表明，无论是隐性自恋还是显性自恋，自恋程度越高，个体感到妒忌的倾向就越强。

精神病态是指一种多维度的人格障碍，概括来讲主要包括情感人际关系维度和冲动反社会维度。精神病态得分较高的人倾向于表现出低共情、低亲社会性、低内疚感等特点（郭嘉豪，蒋雅丽，2022），并具有更强的犯罪倾向。Lange 等（2018）发现，恶意妒忌得分与精神病态得分呈正相关。

综合看来，黑暗三联人格的三个维度——马基雅维利主义、自恋和精神病态——均与妒忌呈正相关。这表明这些暗黑人格特质可能会增强个体的妒忌倾向，进而影响其社交行为和人际关系。

四、贪婪人格

贪婪是妒忌的重要影响因素。在 Crusius 等（2020）的研究中，被试需要首先填写贪婪量表以及善意与恶意妒忌量表。此外，他们需在三周后参与一个向上社会比较情境来测量状态性的善意妒忌和状态性的恶意妒忌。结果表明，贪婪能正向预测善意妒忌和恶意妒忌。也就是说，贪婪的个体可能同时存在较高水平的善意妒忌和恶意妒忌。但研究者无法通过该研究设计确定贪婪和妒忌之间的因果关系。未来的研究可以进一步剖析贪婪预测妒忌的具体路径与内在机制。

五、边缘型人格

边缘型人格障碍者往往能够体验到难以控制的情绪，人际关系模式不稳定，难以有持久的亲密关系，常常伴随着分离焦虑，而且对自身的自我身份识别存在障碍，常常伴随着普遍的羞耻倾向。Biermann 等（2023）对此进行了研究，实验包括三个阶段，被试在每个阶段选择自己、一个知名人士或一个陌生人的面孔，并回答关于这些面孔的问题。实验前后，研究者分别评估了被试的情绪状态。结果表明，相对于健康对照组，边缘型人格障碍组更容易对知名人士的面孔表现出较高水平的妒忌，边缘型人格障碍者可能由于人际关系的不稳定性和自我形象的不稳定性——其自我认知的极端波动、身份认同混乱及对上行社会比较的过度依赖——而在象征理想化自我的对照中更易感知到自我威胁，因而更容易在与他人的比较中感受到妒忌，这可能与其较低的情绪调节能力有一定的关系。

第三节　社会文化因素

一、人际关系

人际关系错综复杂，如同一幅细腻的画卷，其中蕴含着各种情感色彩。而在这幅画卷中，妒忌作为一种人与人之间的社会性情绪，一种微妙的情感，常常在人际关系的交织中悄然滋生，因此妒忌会受到人际关系的影响。本部分将主要探讨人际关系对妒忌的影响，揭示其背后的心理机制和社会动因，以期更深入地理解妒忌现象。

人是有情感的动物。我们身处社会关系网中，会对身边人有亲疏远近的区分。那么，对他人的情感倾向是如何影响我们的妒忌情绪呢？如果与我们有竞争关系的人取得奖项，我们会感到妒忌吗？如果是我们所爱的人取得奖项（如我们的父母、爱人或孩子），我们的感受又会如何？

（一）人际交往中的人际关系亲密度

首先，人际交往中的情感关系和利害关系影响着妒忌程度。Smith 和 van Dijk（2018）认为，从情感关系来看，相较于其他人，当自己平日里讨厌的人取得成功时，当事人会产生更高水平的妒忌；从利害关系来看，当和自己处于竞争关系的个人或集体取得成功，或者说对方取得成功将不利于自己时，个体也会因他人的成功而产生更高水平的妒忌。

在人际交往中，人际关系亲密度影响着人们对他人经历的情感体验。强人际关系通常是指与个体有着较为亲密关系的朋友或家庭成员，弱人际关系通常是指个体不认识或不熟悉的人。一般认为，当最好的朋友，即强人际关系，在社交平台上分享自己的喜悦或者吐槽自己遇到的烦心事时，我们可能会因为朋友的喜悦而开心，为他们的烦心事而懊恼。但如果是一个我们不太熟悉的人，即弱人际关系，分享喜悦或吐槽烦心事时，我们的感受可能会完全不一样。人际关系亲密度在很大程度上影响着我们对幸福感和妒忌感的感知。以我们与亲密朋友或爱人之间的互动为例，我们往往能轻易地与他们产生相似的情绪体验，这主要源于双方之间情绪上的相互感染，即双方在情感上的共鸣和趋同。人类天生具备捕捉和体验他人感受的能力，同时也擅长主动模仿他人的表情、声音和动作，这种能力促使了"情绪传染"现象的发生，从而进一步加强了彼此在情感上的共鸣和趋同性（Cacioppo et al.，1993）。例如，我们会因好友的快乐而感到快乐，这种现象在中国文化中称为"随喜"。南朝梁沈约的《忏悔文》记载："弱性蒙心，随喜赞悦。"那么，在现实生活中，我们会因好友的成功而感到妒忌吗？

　　Lin 和 Utz（2015）精心设计了四个实验，深入探讨了人际关系亲密度对个体在社交平台上体验到的幸福感和妒忌感的影响。四个实验分别针对不同假设展开，旨在揭示人际关系亲密度、帖子内容效价与情感反应之间的微妙联系。在实验一中，研究者想要验证的假设是"人际关系亲密度正向调节帖子内容与幸福感之间的关系"。每个被试需要在社交平台上浏览朋友们的最新动态，并选出四条动态。这四条动态需要来自四个不同的人（可以是自己的好友，也可以是在社交平台上随机遇到的陌生人）。被试需要以 7 点计分的方式来评价这些帖子（比如，它们是有趣的还是无聊的、积极的还是消极的、浮夸的还是深刻的、主观的还是客观的）。之后，被试需以 7 点计分方式回答两个条目：条目 1 为"我和他/她的人际关系亲密度"；条目 2 为"他/她是我重要的人之一"。研究者以两个条目的平均值作为被试与该帖子发布者的人际关系亲密度。此外，被试需以 7 点计分方式来评估自己阅读完帖子后的愉悦程度或妒忌程度。被试也可以报告"这两种情绪均不存在"，这将被记为缺失值。在数据分析中，研究者以幸福感和妒忌为因变量，将动态内容的效价（例如积极性和娱乐性）以及被试与动态发布者之间的人际关系亲密度作为自变量。结果显示，帖子内容效价和人际关系亲密度均能预测幸福感，且两者的交互作用显著。具体来说，被试在阅读更亲密的朋友的正面消息后心情更加愉悦；同样，被试在阅读更亲密的朋友的负面消息后感到更难过。该研究未发现人际关系亲密度对妒忌具有预测作用，而发现帖子情绪效价是妒忌的重要预测变量，人际关系亲密度和帖子情绪效价的交互作用不显著。也就是说，人们倾向于妒忌他人的优势或快乐，这种妒忌并不受人际关系亲密度的影响。需要特别说明的是，在该实验中，研究者使用 DES 测量被试的妒忌程度，而该量表无法区分善意妒忌和恶意妒忌。

　　之后，有研究者采用善意和恶意妒忌量表考察了人际关系亲密度对善意妒忌和恶意妒忌的影响，并让被试选择三名好友（人际关系亲密度分别为密切、一般、不密切）。该实验恰逢 iPhone 6 刚刚发行，因此研究者参照 Krasnova 等（2013）的研究设置了两个情境：①朋友在社交平台上发布了靓丽的旅行照片；②朋友在社交平台上展示了新买的 iPhone 6 的照片。被试在完成实验后，用 7 点计分方式评估他们的善意妒忌和恶意妒忌程度，如"×××可以去旅行，而我不可以，这好不公平"（用来衡量恶意妒忌），"我羡慕×××可以去旅行，我也要安排下自己的旅行"（用来衡量善意妒忌）。此外，研究者用量表测量了被试的性格妒忌、幸福感特质、感知控制程度，还测量了自我相关性。自我相关性通过被试也想取得相同优势的程度来衡量，如让被试评估"你多想去这样的地方旅行"，并用反向的表达来评估被试的感知控制感，如"对你来说，你安排这样的旅行有多困难"。上述两个项目的评估均采用 10 点计分法。结果表明，在度假情境中，人际关系亲密度对幸福感的预测作用显著：强关系者发布积极内容的帖子后，被试体验到的幸福感最强；中等关系次之；弱等关系最弱。而被试对强关系者的善意妒忌与其对中等关系者的善意妒忌之间无显著差异，且两者均显著大于被试对弱关系者的善意妒忌。研究者未在 iPhone 情境组发现上述差异，推测原因可能与大多数被试对购买新手机没有太大兴趣有关。描述统计分析结果也显示，相比于购买 iPhone 6，度假的帖子引发了被试群体更高水平的幸福感和善意妒忌。而被试在两组情境下的恶意妒忌水平没有显著差异，且研究未发现人际关系亲密度对恶意妒忌存在影响。总体而言，恶意妒忌与个人特质高度相关，与人际关系亲密度或自我相关性没有太大关系（Krasnova et al.，2013）。

（二）人际交往中的相似性

自己与比较对象之间的相似性也对妒忌有着深远影响。这可以由 Tesser 和 Collins（1988）的自我评价维持（self-evaluation maintenance，SEM）模型受到启发。当具有优势的人和个体的心理距离较近时，此时的社会比较结果更容易对个体的自我评价产生影响。比如，一名普通的办公室白领可能不会和知名明星比较度假地点，更不会因为知名明星去马尔代夫旅游而自己只能去周边游而感到妒忌，但他/她可能会因为办公室同事去了一个风景更好的地方、住了更高星级的酒店而感到妒忌。因此，基于自我评价维持模型，研究者假设关系强度对于预测个体在社交平台中的妒忌情绪起着重要作用：当他人展示在自认为比较重要的领域所取得的成果时，如果对方与个体的相似程度较高（如在同一个办公室办公、职位相同等），那么个体的妒忌程度就会更高（Tesser & Campbell，1982）。

（三）人际交往中的被排斥感

在人际交往中，除了人际关系亲密度外，被排斥感也会影响妒忌情绪。Poon 等（2023）研究了被排斥感对妒忌的影响。排斥被定义为被他人忽视，是一种日常社会互动中的负面体验（Williams & DeSteno，2009）。研究者想探究被排斥感是否和妒忌、攻击呈正相关，是否存在一个"被排斥感正向促进妒忌，而妒忌正向促进攻击性"的中介模型。在实验一中，被试填写了分别测量被排斥感、妒忌和攻击倾向的量表，其中，妒忌采用善意和恶意妒忌量表测量。结果表明，恶意妒忌在被排斥感和攻击倾向之间起到了中介作用（Poon et al.，2023）。

在实验二中，被试参与一个线上"抛绣球"（Poon & Teng，2017；Williams et al.，2000）的游戏。他们被告知将与另外两名真实玩家互动，参与一个"视觉可视化"的实验，但实际上，实验程序是已经提前设定好的。被试被随机分为两组：其中一组为被排斥组，他们将在游戏一开始的时候接到两次球，但在随后的游戏中将不会再收到任何一次抛球；另一组为控制组，被试在实验中大概有 1/3 的时间能收到其他玩家传来的球。实验结束后，每位被试需要回答"感到自己被其他玩家排斥"的程度，以验证实验有无成功诱发被试的被排斥感。之后，研究者用相关量表来衡量被试的恶意妒忌和攻击倾向的程度。结果显示，被排斥组的被排斥感显著高于控制组，说明变量操纵有效。同时，被排斥组报告的恶意妒忌显著高于控制组，说明被排斥会使人产生更高程度的恶意妒忌。被排斥组的攻击倾向显著强于控制组，说明被排斥感会增强人们的攻击倾向。中介分析结果表明，被排斥感能正向预测恶意妒忌，而恶意妒忌又能正向预测攻击倾向，恶意妒忌在被排斥感和攻击倾向之间起到部分中介作用。

另外，Han 等（2022）的研究发现，在群体中，除了被排斥感以外，如果人们感到自己没有得到像其他人那样多的帮助，也会产生妒忌情绪，同时还会减少对他人的帮助和善意行为，甚至会降低"得到帮助"在自己心中的重要性。

（四）人际交往中的优势值得度

除了上面讲到的人际关系亲密度、被排斥感会对妒忌产生影响外，Smith 等（2018）指出，妒忌与他人的优势值得度之间存在紧密的联系。关于妒忌强度与优势值得度之间的关系，学界主要存在两种观点。一种观点认为，当他人的优势被认为是不应得的时，妒忌的强度会有所减轻（Dvash et al.，2010）。另一种观点认为，若他人的优势是应得的，反而会引发个体更强烈的妒忌（Miceli & Castelfranchi，2007）。这是因为他人的优势应得性凸显了个体的不足，进而威胁到个体的自我评价，为其带来更深刻的痛苦感受。也有学者认为，当他人的卓越并非源于个人的勤奋与才能，而是依赖于某些不公正的手段时，这种不应得的情形更容易激起人们心中的妒忌（van de Ven et al.，2012）。

以上这些研究揭示了人际关系对妒忌的影响。这提示我们，在人际交往中，增进彼此的了解和信任，加强沟通和理解，可以有效减少妒忌情绪的产生，促进个体人际关系的健康发展。

二、群体认同

群体认同也对妒忌有着重要影响。群体认同是指群体成员将群体的目标、规范、行为作为自己追求的目标和行为标准。一些研究发现，群体认同和妒忌之间存在正相关关系（Duffy et al.，2012；Schaubroeck & Lam，2004）。然而，其他一些研究则发现，二者存在负相关关系（Abell & Brewer，2018；Chen & Li，2009；McFarland & Buehler，1995；Stapel & Koomen，2001）。不过，也有些研究表明群体认同只与善意妒忌相关，即虽然和相似他人的比较可能会提高个体的妒忌程度，但相同的群体认同可以通过提高彼此间的关系强度来防止有害的恶意妒忌的产生（van de Ven et al.，2009）。

Gaviria 等（2021）提出，个体是否产生妒忌情绪可能取决于社会比较时的自我概念是怎样的，或者说取决于个体侧重自我概念的哪个维度（个体自我还是社会自我）。根据自我分类理论（Hogg & Turner，1987），当个体的个体自我较为活跃时，个体会将自己视为一个独特的人，此时社会比较理论中的对比效应起作用。当个体将自己与超越个体的人进行比较时，个体可能会由此处于自卑状态并感到妒忌。此外，如果个体的社会自我较为活跃，其会将自己视为所属群体中的一员，并且是与群体中的其他个体可互换的一员，此时社会比较理论中的同化效应起作用，个体会将优异的事物归因于所属群体社会的一部分。因此，在将自己与群体中的他人进行比较时，个体更有可能将他们的优越视为一种激励，产生一种"我可以变得像另一个人一样优秀"的动力，并且此时个体倾向于认为群体中的每个人变优秀，都会为群体带来更大的价值。这种社会认同更加积极，有助于提高个体的自尊心（Blanton et al.，2000）和减少恶意妒忌。Hogg 和 Turner（1987）认为，社会自我与群体内其他成员的同化效应只发生在群体间环境中（即有其他群体存在的情况下），而当群体内成员构成社会比较的参照系时，人们可能又会表现出个体自我。也就说，当自己所属群体与其他群体之间存在竞争关系时，个体倾向于展现社会自我；而当自己所属群体不如其他群体时，个体倾向于表现出对其他群体成员的妒忌，群体内部较少出现恶意妒忌的情况。如果不存在群体之间的竞争关系，而群体内部又存在较强的社会比较，这时可能会出现群体内部的恶意妒忌。

Gaviria 等（2021）招募了 6—11 岁的儿童被试，以研究群体认同对妒忌表达的影响。实验总共有 4 种条件，每种条件中儿童被试均需要扮演情境中的弱势角色。条件一为无群体情境，研究者并未提及被试与被妒忌对象所属的群体。条件二为组内竞争情境，被妒忌的对象和被试属于同一群体，两者存在一定的竞争关系，并且所属群体和其他群体没有组间竞争。条件三为组间竞争情境，被试所属群体与另一个群体竞争并失败。条件四为混合情境，同时包含组内竞争和组外竞争，被试与组内成员竞选代表人，以代表本组与外组竞争，而被试在组内竞选过程中落选，随后在本组与外组的竞争中，本组失败。实验后，记录被试的语言反应和行为反应。其中，行为反应用"分配礼物包裹"的方法来考察，即让儿童将 3 个礼物包裹分配给伙伴。结果发现，当被妒忌者属于和儿童不同的外部群体时，儿童更容易产生较高程度的恶意妒忌和善意妒忌。而当被妒忌者和儿童属于相同群体，且存在本组和外部竞争时，儿童的恶意妒忌程度降低。此外，研究者还发现，随着年龄的增长，儿童的妒忌程度逐渐降低。研究者推测，群体认同或许对妒忌情绪具有某种程度的抑制作用（Gaviria et al.，2021）。一般而言，妒忌与幸灾乐祸的情绪表达往往不被社会所接纳。在人际交往中，存在着关于情绪表达的一系列社会规范，为了更好地与人交往，个体可能需要掌握在不同社交场合中如何妥善地管理自己的情绪的能力（Saarni & Weber，1999）。因此，随着儿童年龄的增长，他们对妒忌情绪的掩饰可能正是其社会化进程中的一部分。

三、刻板印象

除了群体认同以外，个体对他人的刻板印象也会影响其认知。社会认知领域的研究表明，个体在社会互动中对他人的区分不仅仅局限于简单的内群体和外群体的划分，还基于个体对特定个体或群体的具体喜好和尊重程度（Cuddy et al.，2007；Fiske et al.，2007）。

Cikara 和 Fiske（2011）依据刻板印象内容模型（stereotype content model，SCM）对不同群体进行了细致的分类。该分类主要围绕两个核心维度进行：热情（warmth）和能力（competence）。其中，热情维度涉及个体的道德品质和社交动机，如友善、真诚等；而能力维度则与个体的智力和技能相关联，如聪明、有才华等。按照这两个维度，刻板印象内容模型将群体分为四种类型：高热情-高能力群体，如大学生；低热情-低能力群体，如无家可归者、吸毒者；高热情-低能力群体，如老年人、残疾人；低热情-高能力群体，如富人、商人。Cikara

和 Fiske（2011）认为，高热情-高能力群体会激发骄傲情感，低热情-低能力群体会激发厌恶情感，高热情-低能力群体会激发同情情感，低热情-高能力会激发妒忌情感。在实验中，21 名健康被试参与 fMRI 扫描，被试观看了与四种不同社会群体（骄傲、厌恶、同情、妒忌）相关的目标人物图片，这些图片分别与正面、中性、负面的事件相配对，由此形成了 108 个独特的目标-事件对。被试对这些事件进行了情感评分，并在扫描后评估了目标人物的热情和能力。此外，被试还在后续问卷中报告了他们愿意将这些目标暴露于痛苦电击的意愿。实验结果显示，被试对妒忌目标的不幸事件感到较不负面的情感，而对同情目标的不幸事件感到较负面的情感，且对同情目标的伤害意愿最低。神经成像数据揭示了当妒忌目标与积极事件配对时，右岛叶/额中回和右上顶叶的活动增加。此外，腹侧前岛叶对积极事件的反应与个体对妒忌目标的伤害意愿增强相关。这些发现不仅加深了我们对刻板印象如何塑造社会认知和情感反应的理解，而且强调了这些心理过程对妒忌情绪的影响。这提示我们，通过改变对不同群体的刻板印象，我们有可能改变那些导致社会冲突和不公正的情感与行为模式。

四、民族文化

民族文化在妒忌的产生、频率和表达方式上扮演着举足轻重的角色。Colmekcioglu 等（2023）深入探究了分别代表个人主义和集体主义文化的两个国家（美国和墨西哥）中影响妒忌的因素差异。研究发现，在美国，关系密切程度与善意妒忌的产生息息相关，而在集体主义色彩浓厚的墨西哥，这一关联更为显著。Ahn 等（2023）的跨种族研究发现，文化背景在塑造个体对妒忌的感知上起到了重要作用。在注重相互依存的韩国文化中，人们往往体验到善意妒忌与恶意妒忌交织的复杂情感，且这两种情感难以区分；而在强调个人主义的美国文化背景下，个体倾向于清晰地区分并体验善意妒忌和恶意妒忌这两种不同的情感。因此，我们在研究妒忌情绪时，要综合考虑民族文化背景对研究结果的影响。

五、童年经历

如果说个体生存"大环境"的社会文化对妒忌的形成有着深远影响，那么童年经历作为个体生存与发展的"小环境"，对妒忌的影响也不容小觑。多项研究深入探讨了情感虐待与身体虐待这两种形式的儿童虐待对成年后善意妒忌和恶意妒忌的影响（Li et al.，2022；Zhao et al.，2020）。结果显示，情感虐待对善意妒忌具有负向预测作用，而对恶意妒忌具有正向预测作用。此外，还有研究发现，若父母习惯于频繁地将自己的孩子与他人进行比较，那么，这些孩子在使用社交媒体时更容易滋生妒忌情绪（Charoensukmongkol，2018）。这些研究不仅一致地告知我们童年经历在塑造个体妒忌人格方面起到核心作用，而且深刻地告诫我们，作为抚养者，父母在教育孩子的过程中必须格外审慎，注意自己的言行举止。我们应当深切尊重每个孩子的独特个性，杜绝将他们与他人进行不必要的比较，以为他们构建一种健康、和谐且充满关爱的成长环境，从而有效降低他们陷入恶意妒忌的风险。

六、社会比较

许多研究者认为社会比较是产生妒忌的主要途径，妒忌正是由个体与优秀他人进行对比而产生的自卑所引发的。但并不是所有的社会比较都会使个体产生妒忌，那么，影响妒忌产生的关键因素有哪些呢？Takahashi 等（2009）利用 fMRI 进行的研究回答了这一问题。他们指出，影响妒忌的形成及其程度的因素有三个：相似性、他人优秀程度、领域契合度。其中，相似性是指个体更倾向于与自己人口学特征相似的人做比较，也更容易在与自己相似的优秀他人比较后产生妒忌。比如，一个不出名的作家不会妒忌诺贝尔文学奖获得者，却可能会妒忌一个小露头角的新人作家；一个公司职员可能不会妒忌世界首富的亿万财产，却可能会妒忌同事买了一辆自己没有的小汽车。他人优秀程度是指，在其他因素不变的情况下，一个人越优秀，那么，旁人越容易对其产生妒忌情绪。领域契合度是指，如果他人取得成功的领域刚好是个体所在意的领域，那么个体越容易产生妒忌情绪。比如，一位将绘画艺术作为毕生追求并渴望在画坛上声名显赫的年轻人，可能不会对音乐领域天资卓越的人才感到妒忌，但对于在绘画领域技艺出众、名声大噪的同龄人，他可能会心生妒忌。当他人（尤其是当他人和自己竞争时）在与自我相关的领域展现出卓越成就时，个体的妒忌感尤为强烈，这种情绪的激活与背侧前扣带回皮层等脑区的活动密切相关（Takahashi et al.，2009）。

未来的研究或许可以深入探讨相似性、他人优秀程度以及领域契合度这三个因素对妒忌情绪影响的相对重要性，并尝试构建一个量化的计算模型来衡量它们对妒忌的具体作用。通过这样的研究，研究者不仅可以更精确地理解妒忌心理的成因，还能为减少负面情绪、促进社会和谐提供科学依据。此外，这一模型的开发和应用将有助于个体更好地认识和管理自身的妒忌情绪，同时也可为心理健康专业人士提供新的干预手段和策略。

第四节　心　理　因　素

有众多心理因素影响着妒忌的发生和程度，如感恩心态、认知方式、自我评价与依恋风格等，下面将一一进行介绍。

一、感恩心态

感恩心态对于抑制妒忌情感具有显著作用。感恩的人往往倾向于体验善意妒忌而非恶意妒忌（Xiang et al.，2018）。这是因为当感恩的人进行社会比较并感到妒忌时，他们可能会更加客观地评估被妒忌者的优势以及自己的能力。具体来说，一个心怀感恩的人可能会认为被妒忌者的优势是合理的，并且感到自己有更多的控制感，而不是感到自己处于劣势。Ling 等（2023）的研究表明，与感恩程度较低的人相比，感恩程度较高的人在向上社会比较中较少地感觉到妒忌。但因为该研究使用的是 Smith 于 1999 年开发的 DES 量表，所以无法分别考察感恩对善意妒忌和恶意妒忌的影响。而多个采用善意和恶意妒忌量表测量妒忌的研究表明，感恩对善意妒忌有正向预测作用，对恶意妒忌有负向预测作用（Xiang et al.，2018；Xiang & Yuan，2021），但尚未有证据表明妒忌对感恩的反向预测作用。此外，特质感恩是指人们以感恩的情绪认识和回应他人善行的一种普遍倾向（Mccullough et al.，2002）。Xiang 和 Yuan（2021）探究了特质感恩对妒忌的影响。结果发现，具有高倾向性特质感恩的人更能体验到正念，这种正念状态使他们体验到善意妒忌而不是恶意妒忌，从而提高了他们的生活满意度。

综上所述，感恩心态在个体的情绪体验和心理健康中扮演着重要角色。通过一系列研究，我们了解到感恩不仅能够抑制妒忌情感，尤其是恶意妒忌，还能够促使个体体验到更多的善意妒忌，从而有助于提升个体的生活满意度。这些发现强调了培养感恩心态的重要性，不仅因为它能够提升个人的幸福感，还因为它有助于构建一个更积极、健康的社会环境。当以感恩之心看待自己和他人的际遇时，或许我们就不会再因他人的幸福而心生妒忌，反而会感激他人为我们提供了变得更好的动力。如果你也想培养一颗感恩的心，不妨从今天开始，每天记录下三件值得感恩的小事，让感恩成为你生活中的一种习惯。

二、认知方式

认知方式的差异是导致妒忌程度不同的一个重要因素。每个人看待事物的方式都有所不同，这种认知上的差异直接影响着人们对他人的成功和幸福的感受。聚焦错觉（focusing illusion）是指人们在观察事物时，将太多的注意力放在了某一个局部，而忽视了事物的整体性和客观性，导致对整体做出了错误的评估。妒忌这种带有自卑感的强烈情绪，往往会导致聚焦错觉的出现，会使人们误以为那个在某领域做得优秀的人在各个领域都很优秀，误以为他们的生活总是充满了幸福，而事实并非如此。

O'Brien 等（2018）做了一项研究，进一步证实了聚焦错觉对妒忌的影响。实验中，他们给被试呈现了 6 个优秀人物和 6 个表现较差人物的描述，且告知被试这些人物的基本信息与被试相似（如性别相同、年龄相似、学龄阶段相同）。其中，优秀人物往往被描述为在某个单一领域比被试优秀，而表现较差的人物往往也被描述为在某个单一领域（如聪明程度、外貌吸引力等）表现较差。然后将被试分为两组，分别为情绪组和客观组。情绪组被试在随后的想象任务中需要留意自己妒忌或怜悯的情绪，并逐一想象如果拥有刚才呈现人物的生活，自己的生活会变得怎样。研究者用诸如"想象你拥有她/他这样的生活，是否会变得情绪更加稳定"这样的问题来测试被试，被试用-3 到 3 来评价这种改变的程度，数字越大代表越贴近该题目的描述。而客观组被试需要尽量忽略自己的情绪，保持客观中立的态度，并对上述问题做出回答。结果表明，无论是留意自己的妒忌情绪，还是被告知尽量保持客观中立，被试都倾向于认为，如果能拥有优秀他人（比如智商高的人）的生活，自己会变得更加幸福，即被试因他人单一领域的优势而产生了聚焦错觉，夸大估计了他人生活的幸福程度。紧接着，实验者试图探究离焦（defocus）的影响，即通过让被试在纸上写下他们所妒忌的对象的日程安排，来考察去焦是否有助于被试分散对他人单一领域优势的注意。结果显示，这一过程让被试深刻认识到，那些在他们眼中优秀到令人羡慕甚至妒忌的人，同样需要面对日常生活中的琐碎与枯燥，如每日的通勤、烦琐的家务等。他们也并非一帆风顺，生活中同样会遭遇各种麻烦与困惑。这样的认识使被试不再过度夸大被妒忌者的优势，从而有效减轻了被试的妒忌心理。因此，我们在日常生活中也应时刻警惕这种类似光环效应的聚焦错觉，避免片面地看待他人，而应以更加全面、客观的视角理解他人的处境，以更加平和的心态与他人相处。

三、自我评价

自我评价也对妒忌有着深刻影响。我们将从自卑与自尊两个角度探讨自我评价对妒忌的影响。

首先，我们来探讨自卑对妒忌的影响。妒忌会伴随一定程度的自卑感，那么，自卑感是否也影响着妒忌的发生呢？也就是说，自我评价是如何影响自我认知的呢？已有研究表明，核心自我评价与恶意妒忌之间存在显著的负相关关系，也就是说，自我评价越高的个体越不容易感受到恶意妒忌（Xiang & Yuan，2021）。此外，也有研究者发现，特定领域的低自我评价会导致妒忌，如身体满意度较低的个体更容易在社会比较中感受到妒忌（van de Ven et al.，2011）。

其次，我们来探讨自尊对妒忌的影响。如果问身边人他们的自我评价是怎样的，大多数人可能会给出一个快速而直接的正向回答，例如"我对自己挺满意"。看起来，大多数人的自尊水平较高。不过对于一部分人来说，这可能仅仅是表象而已。事实上，根据意识参与的程度，自尊可以分为两种类型：外显自尊（explicit self-esteem，ESE）和内隐自尊（implicit self-esteem，ISE）。心理学家假设存在两个较为独立的认知系统：一个是有意识的、需要意志力参与的系统，它运作缓慢、深思熟虑，并且遵循一定的规则；另一个则是无意识的系统，它在个体毫无察觉的情况下快速自动运作（Epstein et al.，1992；Smith & DeCoster，2000；Wilson et al.，2000）。外显自尊属于第一个有意识运行的系统，是经过意识加工的、深思熟虑后形成的自我评估；而内隐自尊则属于第二个系统，是对自我自动激活的无意识态度（Greenwald & Banaji，1995）。如果一个人的外显自尊和内隐自尊水平都较高，那么他的自尊水平是内外一致的，称为"一致自尊"。但如果一个人的外显自尊水平高而内隐自尊水平低，那么他的外显自尊其实是一种虚假而脆弱的"自我感觉良好"，是一种表面上的防御反应，称为"不一致自尊"。

Smallets 等（2016）试图考察一致自尊和不一致自尊对妒忌的影响。实验中，研究者采用了 Rosenberg（1965）的自尊量表测量外显自尊，并使用 Nuttin（1985）的姓名-字母任务（name-letter task）来测量内隐自尊。姓名-字母任务的具体实验流程如下：首先，实验材料为被试姓和名的首字母（比如，Tom John 的首字母分别为"T"和"J"），以及代表他们出生日期的数字。这些材料均从被试报名参与实验时填写的信息中获得。其次，让被试对字母表中的 26 个字母和 1—33 的数字进行喜好程度的评分，评分范围为 1（一点也不喜欢）到 7（非常喜欢）。随后，计算被试对"属于自己的字母和数字"的平均喜欢程度，并减去样本整体（其他参与实验且"个人专属字母和数字"不同的被试）对此的平均喜欢程度，可得到一个差值，该值就是内隐自尊值。内隐自尊值较高，即被试对"自己专属字母和数字"的偏好程度高于均值，说明被试有较高水平的内隐自尊；相反，如果内隐自尊值较低，即被试对"自己专属字母和数字"的偏好程度低于均值，说明被试的内隐自尊水平较低。依据外显自尊和内隐自尊的得分，研究者将被试分为不一致自尊组和一致自尊组。其中，不一致自尊组指那些外显自尊得分高（基于 Rosenberg 自尊量表），但内隐自尊得分低（基于姓名-字母任务）的个体；而一致自尊组指外显自尊和内隐自尊均较高的个体。随后，研究者将这两组被试随机分配至不同的社会比较条件中：一部分阅读关于同龄人成功申请谷歌公司暑期实习（向上比较）的文章；另一部分则阅读同龄人申请实习失败（向下比较）的文章。阅读文章后，被试需完成一系列测量任务，包括对文章中同龄人的评价、对同龄人应得失败程度的评估以及对实习机会的评价等，这些指标用于衡量恶意妒忌的程度。此外，被试还需完成一项困难的解字谜任务，以测量他们在任务上的坚持时间，作为善意妒忌的指标之一。最后，研究者询问被试未来学习习惯的计划，以进一步了解其自我提升的动机和倾向。

结果表明，相较于向下比较对象，不一致自尊组在面对向上比较对象时对同龄人的负面评价显著较高，且这种差异显著大于一致自尊组。具体而言，相较于向下比较对象，在面对向上比较对象时，不一致自尊组在"同龄人注定要在一些事情上失败"项目上的评分显著较高，而一致自尊组在这一项目上的评分差异不显著。此外，两组对实习机会（即对同龄人获得的谷歌实习机会）价值的评价没有显著差异。在衡量善意妒忌的指标中，两组在"任务持久度"（即被试进行难度较高的字谜任务时的坚持时间）和"未来学习习惯"（即被试评估未来的学习时间）上均未表现出显著差异。综合来看，在面临向上社会比较情境时，不一致自尊组的恶意妒忌显著高于一致自尊组，而两者的善意妒忌没有显著差异。这一现象为我们提供了深刻的启示：生活中，我们应当学会发自内心地悦纳自己，减少虚荣心的消极影响。这意味着，我们需要正视并接纳自己的优点和不足，真正理解和欣赏自己的独特性，并努力提升自己的能力和价值。同时，我们也应该学会以开放和包容的心态看待他人的成功与优秀，并将其作为激励自己成长和进步的动力，而非触发妒忌情绪的导火索。

四、依恋风格

依恋风格理论认为，按照个体在亲密关系中的焦虑程度和回避程度两个维度进行划分，可以将人的依恋类型划分为焦虑型依恋（高焦虑低回避）、回避型依恋（高回避低焦虑）、安全型依恋（低焦虑低回避）、焦虑-回避型依恋（高焦虑高回避）（Brennan et al., 1998）。Baumel 和 Berant（2015）认为，焦虑型依恋个体的情绪反应基于对自我和他人强烈的负面情绪，他们的主要关注点是寻求安慰，而不是削弱优越他人的成功。与焦虑型依恋不同的是，回避型依恋风格的个体倾向于将消极的结果和品质归因于他人，否认自己对他人的情感需求，并责备他人。他们通过这种逃避现实、否认自己过错的方式来应对不愉快的痛苦，这提高了他们希望拉低优越他人的可能性，以此试图降低对方在自己心目中的主观价值。而焦虑-回避型依恋风格者则可能同时具有焦虑型依恋和回避型依恋的特点。焦虑-回避型依恋指的是个体既高度焦虑又高度回避，而不是简单地兼具焦虑型和回避型依恋的所有特征。而安全型依恋（低焦虑低回避）的个体在亲密关系中表现出稳定的情绪和健康的应对方式。他们对自己和他人的评价较为积极，能够坦然面对社会比较中的差距。Baumel 和 Berant（2015）还重点比较了高焦虑高回避者（称为"fearful avoidants"）和高回避低焦虑者（称为"dismissive avoidants"）之间的差异。高焦虑高回避者以消极的态度看待自己和他人，而高回避低焦虑者对自我的评价是积极正向的，但却以消极的方式看待他人，因此可以做出猜测：相比于高焦虑高回避者，高回避低焦虑者可能会产生更大的妒忌。该研究结果的确也证实了这一点：与高焦虑高回避者相比，高回避低焦虑者的确表现出更高水平的恶意妒忌。简而言之，不同依恋风格会影响个体对他人成功的妒忌反应。焦虑型依恋者倾向于寻求安慰，而回避型依恋者可能通过贬低他人来应对不愉快的痛苦。特别是高回避低焦虑者，他们对自己的评价较为积极，但却消极看待他人，因此表现出更高水平的恶意妒忌。

第五节　生理及其他因素

一、生理因素

一些疾病会影响一个人的妒忌程度。Santamaría-García 等（2017）研究了行为变异型额颞叶痴呆患者、阿尔茨海默病患者与对照组正常被试的妒忌水平之间的差异。他们将妒忌分为三个维度：应得性、合法性、道德性。关于这三个维度，前文已经详细介绍过，详见本书第二章第二节。行为结果表明，行为变异型额颞叶痴呆患者组在妒忌的三个维度上的得分均显著高于阿尔茨海默病患者组和对照组（图3-1）。也就是说，无论是在因为合法性、道德性，抑或是因为应得性而产生妒忌的情境下，行为变异型额颞叶痴呆患者都倾向于产生更强烈的妒忌感受。另外，在行为变异型额颞叶痴呆患者中，认知控制能力与妒忌程度呈负相关，即他们的认知控制能力越弱，妒忌程度越高。而且他们的心智理论得分也与妒忌程度呈负相关，即他们的心智理论得分越低，妒忌程度越高。而研究者并未在阿尔茨海默病患者中发现此种关联。在神经层面，三组被试前扣带回皮层的灰质体积与妒忌呈正相关，表明这一脑区可能在妒忌情绪的体验中起作用。此外，杏仁核和海马旁回（两者是与情绪评估和情感记忆整合有关的关键脑区）的灰质体积与妒忌的道德性、合法性维度呈正相关。进一步研究发现，在行为变异型额颞叶痴呆患者中，背外侧前额叶皮层（dorsolateral prefrontal cortex，dlPFC）、角回和楔前叶的萎缩与妒忌体验的增强有关。背外侧前额叶皮层在执行功能（executive function，EF）和社交行为的调节中起着关键作用，而角回和楔前叶则与高级社会认知功能相关，包括理解他人的观点和信念。这些大脑区域的损害可能导致患者在理解和处理复杂的社会情境时遇到困难，进而影响他们的情绪反应，特别是妒忌。这些区域在社会价值奖励评估和社会道德判断中发挥作用，它们的损害可能削弱了患者适当处理妒忌情绪的能力，导致患者在涉及社会比较和道德评价的情境中体验到更强烈的妒忌感受。

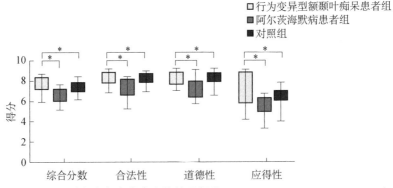

图 3-1　不同群体在每个维度上的妒忌得分（Santamaría-García et al.，2017）

综上所述，妒忌的神经机制涉及广泛的神经网络，包括前扣带回皮层、杏仁核、海马旁回、背外侧前额叶皮层、角回和楔前叶等，这些脑区在自我评价、情绪反应、情感记忆整合、社会价值奖励评估和社会道德判断等过程中发挥着关键作用。这些发现不仅揭示了妒忌情绪的神经基础，也为研究者理解某些神经退行性疾病中的情绪调节障碍提供了新的视角，有助于未来开发针对性的治疗策略，以解决这些患者的情绪问题，提高其社会功能。

二、其他因素

味觉及其相关的语言隐喻可能对我们的社会认知和社会情绪产生更深层次的影响，一些味觉可以隐性地启动抽象的社会信息加工。例如，甜味可以促进个体对他人的积极判断、爱情和亲社会意愿。相反，苦味则会增强个体的厌恶感（Eskine et al.，2011）和社会攻击倾向（Sagioglou & Greitemeyer，2014）。人们倾向于认为那些喜欢吃辣的人脾气暴躁（Byrnes & Hayes，2016）。而在日常生活中，人们常用"我好酸""柠檬它围绕着我""心里酸溜溜的"等词句表达妒忌的感受。

Zhang 等（2023）用五个有趣的实验考察了在中国文化情境下，酸味和妒忌及嫉妒情绪的联系。实验一考察了酸味词和妒忌的关系，实验二和实验三分别考察了"想象酸味"和"品尝酸味"对妒忌情绪的影响，而实验四和实验五分别考察了"想象酸味"和"品尝酸味"与四种社交情绪的关系。结果发现，酸味感觉和酸味的概念可以启动妒忌情绪，而且是所有味道中唯一一种和妒忌有关的味道。下面我们将具体介绍这些实验的操作方式：实验一中，研究者采用内隐联想测验考察了酸味词和妒忌的关系，结果发现，被试在相容任务（把代表"妒忌"的词和代表"酸"的词联系起来，把代表"苦涩"的词和代表"苦"的词联系起来）中的反应时短于不相容任务（把代表"妒忌"的词和代表"苦"的词联系起来）中的反应时。实验二中，研究者从 van Beilen 等（2011）的研究中选取了每种口味（酸、甜、苦、辣）的图片各 10 张，并从王双双和宋婧杰（2017）的研究中选取了 30 个描述妒忌的句子和 30 个描述嫉妒的句子（每个句子由 18—20 个汉字组成）。每个试次都以 500 ms 的注视点开始，然后向被试呈现 5000 ms 的关于食物的图片（在这个过程中，被试需要回忆并想象食物的味道），随后，屏幕中央会呈现一个 9 点评分量表，被试需要在 2000 ms 内对食物的味道强度进行评分（1 = "无味"，9 = "味道强烈"）。之后，屏幕上显示表达妒忌和嫉妒的事件 8000 ms，然后在屏幕上随机显示 9 点评分量表，被试需要在 2000 ms 内对他们的妒忌情绪进行评分（1="感受不强烈"，9="感受非常强烈"）。实验三中，研究者制作了酸、甜、苦和纯净饮用水 4 种饮料，以测量真实的味道和妒忌情绪之间的关联。结果发现，真实的味道比想象中的味道更容易触发被试的妒忌情绪。实验四和实验五旨在比较食物图片引起的想象中的酸味和被试亲自品尝到的酸味（与甜味和苦味相比）对四种社会事件（妒忌、嫉妒、悲伤和快乐）的情绪评级的启动效应，结果显示，酸味仅对妒忌和嫉妒起到启动作用。

综上所述，味觉及其相关的语言隐喻在塑造人们的社会认知和社会情绪方面扮演着不容忽视的角色。这进一步丰富了我们对味觉与妒忌情绪之间复杂关系的理解，也为未来探索其他感官与社会心理之间的联系提供了有益的启示。

第四章

妒忌对其他心理过程的影响

自设战场、自惊自吓、自述自困、自聋自哑、自轻自贱、自贬自罚……就这么像玩文字游戏一样随便说说，便可知道嫉妒给人们带来了多大的心理灾难！

——《关于嫉妒》（余秋雨等，1999）

上一章中，我们全面剖析了妒忌现象背后的多维度影响因素，系统揭示了构成妒忌情绪的复杂因素网络。在此基础上，本章进一步深入探讨妒忌情绪对个体心理和行为的广泛影响。具体而言，我们聚焦于以下几个心理过程，即注意和记忆、意志和目标设定、情绪与健康，以及行为与决策，通过相关实验设计和研究，逐步揭示了妒忌情绪在不同情境下的复杂表现形式。这些发现不仅有助于我们更深入地理解妒忌的本质，还为如何有效管理和利用这种情绪提供了科学依据，从而促进个体的心理健康，提高个体的社会适应能力。

第一节　妒忌对注意和记忆的影响

注意与记忆能力均展现出一定程度的可塑性，而妒忌情绪作为一种强烈的心理反应，对这两种心理过程均产生了显著影响。当个体经历妒忌时，往往会出现一种独特的记忆增强效应，特别是针对那些触发妒忌情绪的事件或信息。这种对妒忌源头的深刻记忆，在两个方面发挥着作用：一方面，它可以激励个体产生善意妒忌，即旨在通过自我提升来达到与被妒忌者相当甚至更高的水平；另一方面，它也可能诱发恶意妒忌，促使个体削弱被妒忌者的优势地位，以此减轻因比较而产生的痛苦感，减少自卑情绪（van de Ven et al.，2009）。

一、妒忌对注意的影响

Hill 等（2011）最早尝试用系列实验回答妒忌对注意和记忆认知过程的影响。在实验一中，妒忌组被试在实验开始前需要写下 4 项在现实生活中感到妒忌的例子，以激活妒忌情绪状态；而控制组被试需要写下 4 项他们日常进行的活动。写完后，两组被试均需要对自己当前的妒忌程度进行评分，通过两组的得分差异可以确保写作练习成功地诱发了被试的妒忌情绪。随后，两组被试均需阅读两份与自身性别相同的学生的访谈报告。被试可以不受限制地花费任意长的时间来仔细阅读，实验者负责记录被试阅读报告的时间。阅读完访谈报告后，被试需要给两组漫画评分，这一环节用于干扰被试对访谈报告内容的记忆。结果发现，诱发妒忌情绪的妒忌组被试倾向于花更多的时间来阅读访谈报告，这表明他们对这些信息的注意力水平更高（图 4-1）。

值得注意的是，实验一有一个关键问题没有回答：人们是否更关注那些拥有

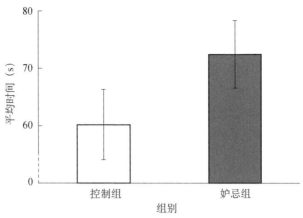

图 4-1 控制组和妒忌组阅读同性学生访谈报告的平均时间（Hill et al.，2011）

注：误差条反映标准误差

优势的人，而这些优势本身就会引发妒忌？为了检验这种可能性，研究者进行了实验二，以进行进一步的分析。实验二中，研究者指出，在传统刻板印象中，人们通常认为女性的外貌吸引力相较于男性更为重要，而财富对男性有更高的价值。然而，在现代社会背景下，财富已经成为男性和女性获取必需资源的共同关键因素。基于这一认知，研究者操纵了访谈报告中的财富和外貌吸引力两个变量，并试图探索引发妒忌的优势是否存在性别差异。研究者提出假设：外貌吸引力可能更容易引发女性的妒忌情绪，而财富则可能同时激起男性和女性的妒忌情绪。

实验二中，研究者向被试呈现了 6 名学生的访谈报告。这些访谈涉及了两种可能产生社会比较的信息：财富和外貌。财富分为"高""低""不涉及"三种条件，比如，将"高财富"条件的学生描述为拥有一辆宝马新车，将"低财富"条件的学生描述为需要靠援助金生活，而将"不涉及财富"条件下的学生描述为喜欢公园散步，不提及其经济状况。外貌分为颜值"高""低"两种条件。相应的，这两种变量的各个条件共组合成 6 名学生的信息。被试阅读完每 份访谈报告后，需采用 7 点计分法评估他们感受到的 17 种情绪的程度。其中 10 种情绪与妒忌密切相关，分别为"对自己不满意""羡慕""敌意""自卑""渴望得到别人的东西""平庸""提高动机""怨恨""不幸""愿望"。经过层次线性模型分析后发现，从阅读时间上来看，男性被试在阅读访谈报告后的妒忌评分每增加 1 分，就会多花 0.29 min 来阅读该份访谈报告。女性被试的结果也呈现相同的趋势，她们在阅读访谈报告后的妒忌评分每增加 1 分，就会多花 0.37 min 来阅读该访谈报告。男性与女性在妒忌评分和阅读时长的关系上没有显著差异。也就是说，无论是男性还是女性被试，他们在阅读访谈报告后的妒忌程度越高，阅读该访谈报告上的时间也越长，即当个体体验到妒忌时，他们倾向于更多地关注那些引发妒忌的信息。这也表明，妒忌作为一种情绪反应，对认知资源分配的影响在男性和女性中具有普遍性。

Hill 等（2011）在排除其他可能的情绪状态，如钦佩、正面或负面情绪、唤醒度等以后，进一步探究了妒忌情绪对注意力的影响，旨在确定是否为妒忌情绪本身而非其他相关情绪促使个体对优势目标的注意力增强。实验流程和上述类似，被试依然阅读虚构的同性他人的访谈报告，只是这一操作旨在诱发被试的妒忌情绪和保持中性情绪，且被试阅读完访谈报告后需评估他们对目标的妒忌、钦佩、正面或负面情绪、唤醒度。结果发现，被试花在高妒忌目标上的时间明显长于中性目标，见图 4-2。这个结果进一步支持了接下来的实验三的假设，即妒忌情绪能够增强个体对特定社会目标的注意力。综合以上发现，妒忌情绪对注意力有显著影响。

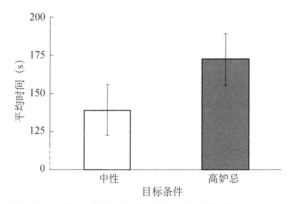

图 4-2　观看高妒忌目标和中性目标访谈报告的平均时间（Hill et al.，2011）
注：误差条反映标准误差

在 Hill 等（2011）研究的基础上，Zhong 等（2013）进一步采用脑电技术来深入探究妒忌情绪影响注意的神经基础。实验开始前，被试需阅读一个故事，故事中有 4 个主人公——被试和其他 3 个虚构的人物，但实验者会告知被试，这 3 个人物是被试的三位同校同学。3 个虚构人物分别属于高妒忌条件、中等妒忌条件和低妒忌条件。接下来，被试需进行三刺激 Oddball 任务（见知识窗 4-1）。在该任务中，被试需要对新异刺激做出反应。具体来说，被试需要在大量的大圆圈中对少量的小圆圈做出反应。而实验前，故事中的人物名字偶尔会"跳"出来作为干扰刺激物。其中大圆圈总共呈现 420 次，在实验总时长占比约为 64%；小圆圈呈现 60 次，在实验总时长占比约为 9%。每个人的名字各出现 60 次，各自在实验总时长占比约为 9%。在被试进行这个任务的过程中，研究者记录他们的脑电信号变化。脑电实验结束之后，被试需回答他们面对 3 个人物感受到的情绪程度，包括"对自己不满意""渴望他们所拥有的东西""妒忌""敌对""自卑""怨恨""希望"。

　　EEG 结果表明，高妒忌目标名字在左、中、右 3 个大脑区域诱发的 P300 波幅均大于低妒忌目标名字（图 4-3）。P300 成分与认知评估、认知资源的分配有关。高妒忌目标名字比低妒忌目标名字诱发了更大的 P300 波幅，暗示着在高妒忌状态时，人们将更多的注意力资源分配到了与妒忌相关的刺激物上。这一点可以用进化论来解释，妒忌情绪是由自然选择塑造的。当我们感觉到妒忌时，其实是潜意识发出的一个信号：自己正处于不利地位。而这个信号可以引起人们对自身情境的注意，有助于我们博取渴望的事物。从这个角度来看，对妒忌相关刺激物的

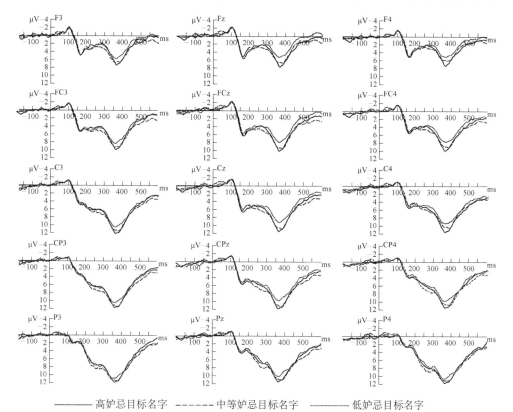

　　　━━━ 高妒忌目标名字　　------ 中等妒忌目标名字　　········· 低妒忌目标名字

图 4-3　高妒忌、中等妒忌和低妒忌条件下的 ERP 波幅平均值以及高妒忌效应和中等妒忌效应的波幅地形图（Zhong et al.，2013）

优先处理给人们带来了生存优势。此外，中等妒忌目标名字仅在中央区域诱发的 P300 波幅大于低妒忌目标名字，而在左侧和右侧部位无显著差异。高妒忌目标名字与中等妒忌目标名字诱发的脑电波波幅不存在大小差异，但高妒忌效应（高妒忌减去低妒忌条件）和中等妒忌效应（中等妒忌减去低妒忌条件）具有不同的地形分布。具体来说，在左、中、右三个位置，高妒忌目标的名字比低妒忌目标的名字引起更大的 P300 振幅；相比之下，只有在中心位置，中等妒忌的目标名字比低妒忌的名字引起更大的 P300 振幅。这些不同的地形分布可能表明，不同的神经基础参与处理高妒忌和中等妒忌刺激，并引发了不同类型的妒忌（图4-4）。

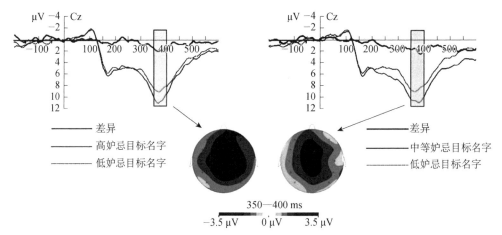

图 4-4　350—400 ms 的高妒忌效应（高妒忌目标名字引起的振幅减去低妒忌目标名字引起的振幅）和中等妒忌效应（中等妒忌目标名字引起的振幅减去低妒忌目标名字引起的振幅）的脑电波振幅地形图（Zhong et al.，2013）

知识窗 4-1

Oddball 范式

Oddball 范式是常用的 ERP 实验范式之一。经典 Oddball 范式是指，在一项实验中，随机呈现作用于同一感觉通道的两种刺激，每种刺激呈现若干次。每两种刺激出现的概率有很大差别，概率大者为标准刺激（standard stimuli），概率小和偶然出现的刺激则为偏差刺激（deviant stimuli）。因二者物理属性相差很小，偏差刺激如同经常出现的标准刺激发生了偏差，"标准刺激"与"偏差刺激"由此得名。在经典 Oddball 范式中，偏差刺激出现的概率通常为20%左右，标准刺激出现的概率通常为80%左右。Oddball 范式应用广泛，是引起 P300、失匹配负波（mismatch negative，MMN）等与刺激概率差异有关的 ERP 成分的实验范式。

Oddball 范式有多种亚型。其中一种亚型包含三种刺激，而在这三种刺激中，标准刺激呈现的概率约为 70%。偏差刺激有两种，呈现的概率都为 15%。被试只需对其中一种偏差刺激做出反应即可。需要做出反应的刺激是靶刺激，不需要做出反应的刺激是非靶刺激。该范式可用于研究非靶刺激对注意的捕获。Zhong 等（2013）在实验中采用的就是这种三刺激 Oddball 范式。

二、妒忌对记忆的影响

Hill 等（2011）的系列实验结果不仅证明了妒忌对注意的影响，还证明了妒忌对记忆的影响。实验一中，在干扰结束后，两组被试需要回忆刚才两则访谈报告的细节。研究者根据被试能够正确回忆的关键点数量给分。需要说明的是，实验中使用的两段采访录像包含一些基本信息，如向往的职业、城市等，但并未包含可能引发妒忌的信息（如学业成绩或人际关系等）。这样做旨在确保两组被试在记忆表现上的差异仅由观看访谈报告前的妒忌情绪所致，而非受到社会比较等其他因素的影响。实验一的结果表明（图 4-5），妒忌组的记忆表现要显著优于控制组。在使用协方差分析控制了阅读时间后，妒忌组的记忆表现仍然优于控制组。这意味着，妒忌情绪可以增加个体对同性同龄人信息的关注和记忆。实验一主要聚焦于探究预先的妒忌情绪对记忆的影响，而该妒忌情绪是由记忆材料之外的因素所致，是在记忆编码之前就已经产生的，而不是由记忆内容所诱发的。那么，如果记忆内容本身就包含了社会比较信息（比如，某位同龄人的表现优于自己），这种情况是否会激发个体对优秀他人的注意和记忆呢？关于这一问题，研究者在实验二中进行了深入探讨并给出了答案。和上文所述的实验二过程一样，研究者让被试评估完 17 种情绪后，又让被试回忆 6 位同学的访谈报告内容，研究者记录被试正确回忆的关键点的数量。结果发现，从记忆正确率来看，无论是男性还是女性，妒忌评分每增加 1 分，回忆正确率便上升 1%。这表明，妒忌与信息注意时长和回忆正确率均存在正相关关系，并且这种正相关关系没有性别差异。这项研究结果首次证明，妒忌除了具有情感成分外，还可能具有调整注意和记忆认知过程的作用。

但这一结果涉及这样一个问题：回忆的正确率上升究竟是由妒忌本身造成的，还是由妒忌延长了个体对材料的阅读时间，从而延长了编码时间，进而导致的呢？研究者做了进一步研究，旨在分别验证妒忌程度和阅读时间对回忆正确率的影响。结果发现，即使在阅读时间不变的情况下，无论是男性还是女性，回忆

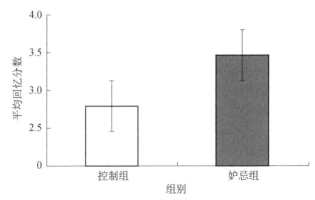

图 4-5　在控制组和妒忌组回忆访谈内容时的平均回忆分数（Hill et al.，2011）

正确率依然与妒忌程度呈正相关（妒忌评分每增加 1 分，回忆正确率便提升1%）。随后，为了检验访谈报告中人物的外貌吸引力和财富程度是否可以直接预测回忆正确率，研究者构建了新的模型并进行了数据分析。结果表明，外貌吸引力和财富程度不能直接预测回忆正确率。在接下来的实验三中，研究者控制了积极情绪、消极情绪和唤醒程度等额外变量，发现高妒忌目标条件下的被试在回忆任务中表现更好，能够更准确地回忆起目标的姓名，即使在控制了观看事件后也是如此，见图 4-6。此外，研究者还收集了被试对妒忌情绪的自我报告数据，通过回归分析等方法探究自我报告的妒忌程度与记忆表现之间的关系。结果发现，在高妒忌目标条件下，被试的妒忌程度越高，他们回忆目标姓名的正确率也越高，见图 4-7。这些发现表明，妒忌情绪本身，而不是其他相关情绪，能够增强个体对优势目标的关注和记忆效果。妒忌情绪本身预测了个体对目标的注意力和记忆。

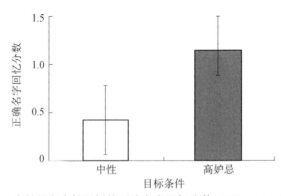

图 4-6　高妒忌和中性目标的正确名字回忆分数（Hill et al.，2011）

注：数据反映的是平方根转换后的分数；误差条反映标准误差

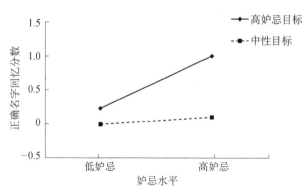

图 4-7 自我报告的妒忌程度与正确名字回忆分数之间的关系（Hill et al., 2011）

注：数据反映的是平方根转换后的分数

综合 Hill 等（2011）的实验结果，我们可以得出这样的结论：妒忌情绪会提高人们对社会比较信息的关注度，同时也会促使人们对他人信息形成更为精确的记忆。无论是通过记忆前的写作练习激活的妒忌情绪，还是由记忆材料本身（如访谈报告中涉及一些可以与之进行社会比较的信息）诱发的妒忌情绪，都显著提高了被试对信息的关注度和记忆表现。这表明妒忌对注意力和记忆的影响是特异性的。

三、妒忌对遗忘的影响

我们先前讲到妒忌有助于增强人们对信息的注意和记忆。那么，妒忌对遗忘有怎样的影响呢？多项研究探索了妒忌对定向遗忘（见知识窗 4-2）的影响（杨丽娴等，2019；翁超婷，2023）。杨丽娴等（2019）采用 2（情绪状态：妒忌、中性）×2（记忆指令：记忆、遗忘）的两因素混合实验设计，其中情绪状态为被试间变量，由模拟情境诱导；记忆指令为被试内变量。实验共分为 6 个阶段：情绪前测、情境预设、正式学习、干扰、再认测试和情绪后测（图 4-8）。

下面我们将逐一介绍这几个阶段。①情绪前测阶段：在实验开始前，被试需要完成一份情绪自评问卷。问卷上列有多种情绪的名称，被试需要根据自己当时的情绪状态对每种情绪进行 7 点评分，分数越高表明情绪越强烈。②情境预设阶段：妒忌组需要把自己想象为一名正忙着寻找工作的应届毕业生，系统将会呈现同专业其他应聘学生的信息。控制组则被告知这是关于印象管理的实验，结果只用于学术研究。③学习阶段：实验中每个试次将会出现一张人物照片，同时照片的下方有一个短句。人物性别、短句中的人称均与被试的性别相同。其中，妒忌组被试看到的是妒忌语句，比如，"她比我更受同学欢迎"）；而控制组看到的是

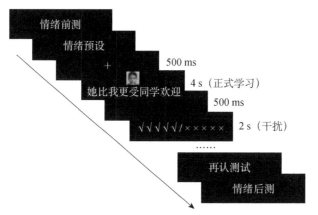

图 4-8　实验流程图（杨丽娴等，2019）

中性的科技类短句。主试告知被试只需要关注人物照片，不需要记忆下方的短句。每组照片及短句呈现结束后，屏幕上将呈现"记忆"或"遗忘"的指令。如果被试看到的是"记忆"指令，则需要记住当前试次的人物照片；如果被试看到的是"遗忘"指令，则需要忘记当前试次的人物照片。④干扰阶段：在完成所有试次的学习后，被试需要做减法运算，以干扰学习阶段的记忆。⑤再认测试阶段：研究者将刚才呈现过的照片与没有呈现过的新照片混合在一起，以随机顺序向被试呈现，被试需要进行新旧的判断，旧照片按"F"键，新照片则按"J"键。⑥情绪后测阶段：重复"情绪前测阶段"的步骤，这一步骤是为了将实验后的情绪评分与实验前的情绪评分做比较，以检验实验是否成功诱发了被试的妒忌情绪。

知识窗 4-2

定向遗忘范式

定向遗忘范式是研究有意遗忘（intentional forgetting）的典型范式之一。定向遗忘是指由外部的"遗忘"指令而导致的个体记忆内容受影响的现象。不管是定向遗忘的项目法（item method）还是列表法（list method），都需要被试在学习阶段努力记住要求其记住的项目（to be remember，TBR），并遗忘要求其忘记的项目（to be forget，TBF）。但实际上，在测试阶段，研究者对两类项目都进行了测试，如果被试对 TBF 的记忆效果显著低于 TBR 的记忆效果，则表明出现了定向遗忘效应。先前已有多项研究表明，情绪会影响记忆提取的过程，并可能阻止定向遗忘的发生（任小云等，2019；杨丽娴等，2019）。

在杨丽娴等（2019）的研究中，研究者经检验发现，在情绪前测阶段，妒忌组和控制组的情绪无显著差异，而在情绪后测阶段，两者的差异显著，表明妒忌情绪诱发成功。中性组对"记住"指令试次的再认成绩显著高于"遗忘"指令试次的再认成绩，表明出现了定向遗忘效应；妒忌组对"记住"指令试次的再认成绩与"遗忘"指令试次的再认成绩的差异未达到显著水平，表明未出现定向遗忘效应。这项实验结果表明，个体在中性情绪状态下出现了典型的定向遗忘效应，而在妒忌情绪状态下未出现定向遗忘效应，这表明妒忌破坏了定向遗忘效应。这可能是由于个体的认知资源是有限的，而妒忌情绪占用了认知资源，使得个体分配给需要认知加工的任务的心理资源相对减少、心理空间相对缩小（Isbell et al.，2016）。主动遗忘是一种需要付出认知资源的记忆控制任务，而妒忌情绪夺走了它所需要的认知资源。杨丽娴等（2019）也给出了另一种可能的解释：妒忌增强了被试对优势他人的注意和编码，这使得被试面临对优势他人的"遗忘"指令时，依然对其进行了选择性编码。

未来在该问题的研究上，研究者可以使用 fMRI、EEG 等神经成像技术来探讨妒忌影响记忆的神经机制，也可以使用脑成像技术分别探讨妒忌对不同类型记忆的影响，如妒忌对要点记忆、细节记忆、项目记忆和情境记忆的影响。

第二节　妒忌对意志和目标设定的影响

妒忌不仅影响着人们的注意和记忆，还对人的自我控制能力产生一定的负面影响，具体体现为妒忌情绪不仅会降低个体在复杂任务中的坚持度（即意志），还可能影响被试的目标设定情况。

一、妒忌对意志的影响

Hill 等（2011）的研究表明，妒忌情绪能够提高个体对他人信息的关注度。鉴于人的认知资源是有限的，这种对优秀同龄人信息的高度关注可能会分散个体原本可用于自我调节的其他认知资源。因此，研究者进一步考察了妒忌情绪是否会影响个体在其他不相关任务上的认知资源投入，特别是那些需要个人意志和决心的任务。具体来说，研究者考察了对妒忌目标的记忆是否会降低个体在面对连续失败时坚持解决困难字谜题目的毅力。实验开始阶段，被试需要阅读一篇采访报道，其中，实验组阅读的是可以诱发妒忌情绪的采访报道，报道中描述的同性别学生不仅外貌出众，还非常富有；而对照组被试阅读的是中性的采访报道，报道中的同性别学生在外貌和财富方面均表现平平。在完成一项干扰任务后，所有被试均需回忆报道中提到的人物名字，研究者根据正确回忆的字母数来评估其记忆准确率。随后，被试需要尝试解出 6 个难度极高的字谜，这一环节旨在测量他们坚持尝试的时间，以此作为评估其毅力和自我调节能力的指标。

实验结果显示，在对照组中，无论被试能否正确回忆出目标人物名字，他们在随后解密任务中的表现均没有显著差异。然而，在妒忌组中，那些越能够正确回忆目标人物名字的被试，在接下来的解密任务中展现出的毅力水平越低（图 4-9）。这一发现揭示了妒忌情绪可能对个体面对挑战时的坚持和自我调节能力产生负面影响，这可能是因为妒忌占用了个体本可以用来进行自我调节的认知资源。

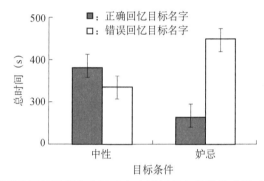

图 4-9　被试是否正确回忆目标名字以及在字谜任务上花费的时间（Hill et al., 2011）

二、妒忌对目标设定的影响

Lange 和 Crusius（2015）探讨了妒忌情绪对目标设定的影响。研究发现，当个体的善意妒忌得分较高时，他们倾向于在跑步比赛中设定更高的目标，并且也更可能取得优异的成绩。这一结果揭示了善意妒忌作为一种积极的动力，可能会激励个体追求更高的目标，并使得个体在比赛中有更好的表现。相反，恶意妒忌得分与目标设定的倾向及比赛成绩之间并无显著关联。研究者进一步推测，恶意妒忌个体可能因为担心无法达到高标准而缺乏实现目标的动力，从而未能取得优异成绩。换言之，恶意妒忌的性格特征可能导致人们避免设定具体目标。为了验证这一假设，研究者进行了一项逻辑回归分析，旨在探究善意妒忌和恶意妒忌得分与目标设定行为之间的关系。

在实验中，研究者鼓励被试设定跑步目标，但研究者发现，并非所有被试都遵循了这一建议。在控制了年龄、性别和种族等其他潜在影响因素后，研究者分别考察了善意妒忌、恶意妒忌与目标设定的关系。结果显示，善意妒忌得分勉强预测了被试设定具体比赛目标的行为（$p=0.07$），表明善意妒忌可能对目标设定有一定的正面影响。相对地，恶意妒忌得分显著预测了被试设定具体比赛目标的倾向，这进一步支持了研究者的假设，即恶意妒忌可能导致个体在面对高标准时产生退缩，从而不愿意设定具体目标。这一发现对于人们理解妒忌情绪如何影响个体的目标设定和成就动机具有重要意义（Lange & Crusius，2015）。

　　这不禁令人联想到成就目标理论。根据这一理论，个体的行为动机可以从两个主要维度进行划分："掌握目标—表现目标"和"趋近目标—回避目标"。在这个理论框架下，学生的学习动机被细分为四种类型：①掌握趋近目标：持有这种动机的学生认为能力是可以通过努力来提升的，他们追求的是个人成长和知识技能的实质性进步。对于这些学生来说，成功意味着与自己过去的水平相比有所提升。②表现趋近目标：这类学生同样认为能力是可以通过努力改变的，但他们更关注与他人的比较，追求在群体中获得优越的地位。他们的成功标准是超越他人，赢得认可和赞誉。③掌握回避目标：持有这种动机的学生在自我比较的基础上追求成功，他们希望在完成任务时避免出现错误，以保持自我能力的稳定感。他们更关注维持现有的能力水平，避免退步。④表现回避目标：这类学生认为能力是固定的，他们的关注点在于避免在与他人的比较中处于劣势。他们害怕失败，因此会努力避免在群体中显得不如别人。其中，持有表现趋近目标的人会关注如何超越他人，以获得自我感觉的优越性；而持有表现回避目标的人更加关注如何避免比别人差。综合看来，持有表现目标的个体更可能产生妒忌情绪。这是因为如果持有表现目标，个体的自我价值感往往建立在与他人的比较之上。当看到他人取得成功或拥有自己渴望的特质时，他们可能会感到威胁，从而产生妒忌，这种妒忌可能源于对自身能力的不安全感，以及对他人成就的渴望。

第三节　妒忌对情绪与健康的影响

　　妒忌是一种复杂的情感体验，它不仅包含愤怒这样的负面情绪，还可能涉及悲伤和恐惧等其他情绪。正如我们在第一章中提到的比喻，恶意妒忌是一种"黑魔法"，而善意妒忌则是具有净化作用的"白魔法"，两者在影响个体幸福感方面扮演着截然不同的角色。根据 Espín 等（2018）的研究，恶意妒忌与幸福感之间存在显著的负相关关系。这种妒忌形式通常伴随着消极情绪和对他人成功的不满，导致个体感到不快乐和心理不适。若长期受到恶意妒忌的困扰，个体可能会经历持续的心理压力和情绪困扰，进而影响到整体幸福感和生活满意度。

相比之下，善意妒忌更有助于个体维持幸福感和积极的情绪状态。Ng 等（2021）的研究发现，性格中的善意妒忌与幸福感呈正相关关系。善意妒忌被视为一种健康的、可以激发个体进取心的情绪。它驱使人们设定更高的目标，努力超越自我，从而实现自我成长和提升。当个体能够通过善意妒忌激励自己取得实际成就时，其自尊心和自我效能感也就得到了提升，幸福感也得到了提升。

在 McDonald 等（2020）的研究中，研究者通过让被试采取故事主角的视角来诱发被试的妒忌情绪。结果发现，当与自己相似但比自己更优秀的个体进行比较时，被试体验到了更强的妒忌情绪。在这一过程中，左额上回（left superior frontal gyrus）、右角回（right angular gyrus）和楔前叶的血氧水平信号显著增强，表明这些脑区在妒忌情绪加工中扮演着重要角色。这些区域的活动增强反映了它们在个体处理与自我相关的社会比较和情绪反应时的活跃性。此外，该研究还发现，左额上回在妒忌情绪的再评估中起到关键作用，并且其与右缘上回和楔前叶的功能连接性跟被试体验到的妒忌情绪的强度相关。具体来说，左额上回与与右缘上回和楔前叶的功能连接性越强，被试报告的妒忌程度越低，这表明较强的功能连接可能与个体对妒忌情绪的有效调节有关。

Xiang 等（2016）的研究发现，神经质在额下回/额中回局部一致性与妒忌的关系中起中介作用。神经质是一种人格特质，与情绪不稳定、焦虑和抑郁等心理健康问题有关，个体可能因为神经质特质程度较高而更容易体验到妒忌情绪，这种情绪体验的增强又可能会进一步加剧心理健康问题。对于那些容易感到妒忌的人来说，他们可能会经历自尊水平的下降和控制感的减弱，这种感觉可能会促使他们采取某些行为策略，来减少这些变化对自我价值感的威胁。例如，他们可能采取否认或回避的策略来忽视妒忌情绪的存在，或者寻求亲朋好友的支持来获得情感上的慰藉。此外，妒忌也可能激发出个体的一些消极的社交行为反应，如社交懒惰，个体可能会因为妒忌而减少社交活动，避免与比自己更成功的人交往，以减少自卑带来的痛苦情绪。

总的来说，恶意妒忌和善意妒忌对个体的幸福感有着相反的影响。恶意妒忌往往导致情绪的负面循环和幸福感的降低，而善意妒忌则可能成为促进个体健康成长和提升幸福感的催化剂。了解和管理自己的妒忌情绪，对于个体维护心理健康和提升生活质量具有重要意义。我们可以试着将生活中感受到的恶意妒忌转化为善意妒忌，以此作为一种促进个人发展和提升幸福感的策略。

第四节　妒忌对行为与决策的影响

一、妒忌对风险决策的影响

众多研究者已经深入探讨了妒忌情绪如何影响风险决策中的框架效应（framing effect）（见知识窗 4-3）。Kang 和 Liu（2019）发现，在收益框架（gain frame）下，那些被诱发出恶意妒忌的被试比对照组被试更倾向于做出风险规避选择，但两组被试在损失框架（loss frame）下没有表现出行为差异。此外，该研究还发现，个体对失败的恐惧中介了恶意妒忌对框架任务中风险决策的影响。具体来说，恶意妒忌使得人们更加害怕失败，从而在收益框架中做了更多的风险规避。与此相对，Kwon 等（2017）的研究指出，与恶意妒忌不同，善意妒忌会激励个体提升自我，从而降低个体对风险决策中潜在损失的敏感性。

Lin 和 Liang（2021）进一步探究了恶意妒忌条件下被试在得失框架下的 ERP 反应。他们发现，在收益框架下，恶意妒忌条件下的被试表现出比对照组更大的 反馈负波（feedback-related negativity，FRN）和晚期正电位（late positive potential，LPP）波幅；而在损失框架下，被试在恶意妒忌条件下的 LPP 波幅比对照组更大。这些发现表明，在收益框架下，恶意妒忌加强了个体对预期违背和负面评价的神经反应；而在损失框架下，恶意妒忌加强了个体对妒忌对象不幸事件的正面评价的神经反应。这些结果揭示了恶意妒忌的神经基础是如何受到情境框架影响的，从而展现了妒忌情绪加工的复杂性及其在不同情境下的动态变化。

知识窗 4-3

框 架 效 应

请分别阅读下面两种情境，并在每一种情境下做出你的选择。

情境一：一笔生意可以稳赚 800 美元，另一笔生意有 85% 的机会赚 1000 美元，但也有 15% 的机会可能分文不赚。

情境二：一笔生意要稳赔 800 美元，另一笔生意有 85% 的机会可能赔 1000 美元，但相应地也有 15% 的机会可能不赔钱。

结果表明，在第一种情境下，84% 的人选择稳赚 800 美元，表现为对风险的规避；而在第二种情境下，87%的人倾向于选择"有85%的机会可能赔1000美元，但相应地也有15%的机会可能不赔钱"的那笔生意，表现为对风险的寻求。

在心理学中，框架效应是一种认知偏差，最早在1981年由阿摩司·特沃斯基与丹尼尔·卡内曼提出。他们发现，尽管得失的期望值相同，但人们会因为提问的方式呈现出的获利面或损失面而做出不同的决定。当以获利的方式提问时，人们倾向于避免风险；当以损失的方式提问时，人们倾向于冒风险（Tversky & Kahneman，1981）。

二、妒忌对道德决策的影响

妒忌对道德决策也有着重要影响。Rengifo 和 Laham（2022）发现，恶意妒忌通过增强个体的道德推脱（moral disengagement）（见知识窗4-4）感，从而增加不道德行为的发生。Yang 和 Guo（2023）进一步解构了道德决策的三个决定因素：后果敏感性、道德规范敏感性以及一般习惯偏好。结果发现，妒忌通过降低道德规范敏感性达成道德推脱，从而增加不道德行为的发生。

知识窗 4-4

道 德 推 脱

道德推脱是一种特定的认知倾向。它可以重新定义个体的不道德行为，使其伤害性显得更小，并使个体最大限度地摆脱自己在不当行为后果中所担负的责任，努力降低个体对受害者造成痛苦的认同感。

第五章

妒忌的理论

> 妒忌涉及的是社会生活的一个核心问题，每当两个人能够相互对比的时候，这个问题就会自然而然地产生出来。
>
> ——赫尔穆特·舍克（Schoeck, 1969）

上一章中，我们详细探讨了妒忌如何在注意、记忆、意志、情绪健康以及行为决策等多个心理过程中产生深远影响，这不仅展示了妒忌情感的多样性和复杂性，也揭示了它在个体心理活动中的具体作用机制。那么，究竟哪些理论能够解释这种多维度的情感体验？本章，我们将从精神分析、人本主义、社会比较和模仿学习等不同理论视角出发，对妒忌的本质和产生机制进行系统阐释。这些理论不仅为我们解读前文中呈现的各种心理效应提供了理论依据，也为未来如何干预和调适妒忌情绪指明了方向。

第一节　精神分析理论

弗洛伊德和克莱因等精神分析领域的学者揭示了妒忌在人类心理深处的形成过程及其发挥的作用。本章将介绍他们的理论，以更全面地理解妒忌和嫉妒在个体心理发展中的重要性与影响。

根据弗洛伊德的观点，成年人的嫉妒心理并非天生就有，而是儿时潜意识中的创伤性体验的再现。每个人的内心深处都隐藏着一些未被察觉的冲动、愿望、恐惧以及痛苦的记忆。这些潜意识中的内容往往与我们的意识形成鲜明的对比，而且人们成年后的生活模式和人格很大程度上受到童年时期潜意识经验的引导。人们选择伴侣时也在试图满足那些在童年时期未曾满足的情感需求。弗洛伊德进一步指出，只有当成年人遇到与童年时期的创伤经历相似的情境时，才可能触发他们的妒忌和嫉妒心理（Freud，1998）。

另一位精神分析家克莱因于 1957 年提出了"原始妒忌"（primitive envy）的概念，并将相关思想整理在了学术著作《嫉羡与感恩》（Envy and Gratitude）中。克莱因认为妒忌在人生命的早期就已经出现，是死本能（见知识窗 5-1）的最早表现形式。她对弗洛伊德的观点做出了批驳：弗洛伊德曾指出，处于性器期（3—6 岁）的女童会出现一种叫作"阴茎妒忌"的心理现象。然而，克莱因并不认同弗洛伊德这一观点。她认为，这种妒忌实际上来源于婴儿对母亲乳房的投射，而这种投射会影响婴儿和母亲之间的关系。她还认为妒忌是侵蚀感恩这一情感的重要因素。在婴儿的幻想中，存在着一个能提供无限量乳汁的乳房。而现实中，当乳房不能提供足够的乳汁时，婴儿会误以为乳房把乳汁、爱与照顾全留给其自己，从而对乳房产生妒忌心理；而当乳房能够提供足够的乳汁时，婴儿又会认为这份礼物的源头仿佛是自己永远也得不到的，从而又产生妒忌心理。而这种原始妒忌是成人时期妒忌的原型。在《嫉羡与感恩》一书中，克莱因区分了"妒忌"、"嫉妒"和"贪婪"的不同定义及婴儿相应的表现："如果婴儿对母亲的乳房存在贪婪的投射，那么婴儿可能会出现过度吮吸乳房的行为。然而，如果婴儿对母亲投射的情感为妒忌，那么他/她不仅会试图以过度吮吸的方式来抢夺，还会试图把坏东西（主要是坏的排泄物和自身坏的部分）放在乳房上，以便毁坏它。"而嫉妒与妒忌有着不同："妒忌是因别人拥有自己不曾拥有的事物而感到愤恨，因别人的失去而感到快乐，嫉妒则是担心别人破坏自己的关系。"克莱因还认为，拥有强烈妒忌特质的人是贪得无厌的，他永远不会知足。因为他们的妒忌来源于内在，所以总会找一个外部客体来聚焦这种妒忌的情绪。同样，克莱因认为与妒忌性质相反的"感恩"情感也由婴儿与乳房的关系发展而来："倘若在婴儿时期，个体体验到对乳房完全的满足，意味着婴儿认为自己从所爱的客体那里获得一份独特的礼物，而他/她想保留这份礼物，这是感恩的基础。婴儿时期越是经常体验到对乳房的满足，就越是经常感觉到愉悦，并产生想要回报的愿望，这就是感恩的体现。"（Klein，1957）

知识窗 5-1

死　本　能

死本能（death instinct）是弗洛伊德术语。他认为，人类除了有生的本能（包括自我本能和性本能）以外，还有与之相对立的死本能。它体现仇恨与破坏的力量，表现为求杀的欲望。当向外表现时，它就成为破坏、损害、侵犯的驱力，这时，它不会毁伤自我。但当向外侵犯受到挫折时，它又往往转向自我内部，成为一种自杀的倾向。死本能不限于杀人和自杀，其活动范围广泛，包括自我惩罚、自我谴责、对手之间的妒忌以及对权威的反抗等。

第二节　人本主义理论

人本主义理论对妒忌这一话题的观点，主要来自人本主义心理学家阿德勒和人本主义哲学家弗洛姆。

阿德勒将妒忌与自卑感紧密联系起来，并将妒忌视为一种"侵略型人格特质"。他认为，当个体处于低自尊状态时，妒忌便成为对不平等状况的一种反应。这种反应往往伴随着对权利和优势的渴望，以及一种深深的无助感，会对个体的认知、情感和记忆等心理过程产生明显影响。阿德勒进一步指出，自卑情结能够激励个体努力奋斗，以摆脱过去的劣势状态，不断提升自我，从而获得优越感和卓越成就。正如阿德勒本人所言："追求优越感和过度补偿是每个人生活中的主要动力。"（Adler，1931）

这种"驱动力"在童年时期便已经悄然形成。当孩子尚处于无助与弱小阶段时，他已经开始为了获取优越感和卓越成就而努力拼搏。在生命的早期阶段，孩子的心中便为自己勾勒出一个"理想自我形象"，这个理想不仅为孩子提供了一种优越感，更成为塑造其人格的主导力量。阿德勒认为，妒忌并非这个理想自我的起因，而是理想自我导致了妒忌。个体如果能够培养对社会利益的重视，增强对他人的感受力并培养对他者的同情心，将有助于克服因追求优越而导致的妒忌、孤立等异化问题。阿德勒心理治疗的方法便是通过唤醒患者对社会及他人的兴趣，进而利用自身的优势为他人创造价值，从而提升其自尊水平（Adler，1931）。

弗洛姆在《占有还是存在？》（*To Have or To Be？*）一书中认为，人们的思维模式类型是导致妒忌产生的原因之一（Fromm，2013）。他认为人们对生命的态度可以分为两种根本不同的模式：存在模式和占有模式。而这两种模式影响着个体或社会的性格。那么，何谓存在模式和占有模式呢？在《占有还是存在？》一书中，弗洛姆拿日本诗人松尾芭蕉和英国诗人丁尼生的诗句来引出。

丁尼生面对一朵可爱的小花时，写下了这样的诗句：

"墙上的裂缝中生出一朵花，我悄悄地将你连根拔下，我将你捧在手里，根茎连同其他。如果我能理解，小小的花，你到底是什么，根茎连同其他，一切的一切，我也许就明白什么是上帝和人了。"（转引自 Fromm，2013）

丁尼生选择把花摘下，据为己有，为己所用，这是一种占有型生存模式。

而松尾芭蕉面对花时，却写下了这样一句诗：

"当我仔细端详，一朵花盛开，在篱笆旁"。（转引自 Fromm，2013）

他没有选择夺走花的生命，而是静静地、细致地端详它，这便是一种存在型生存模式。这种模式主要有两种表现形式：一种是与世界建立鲜活的、真实的联系；另一种与表象相对，指的是觉察外部世界的真实本质。而在占有型生存模式中，个体妄图与世界建立一种占有或支配的关系，妄图占有一切，包括自己。弗洛姆认为，持有占有型生存模式的个体和社会更容易产生妒忌。由于持占有型生存模式的个体倾向于通过积累和控制来寻求安全感与满足感，他们对那些可能威胁到自己地位和占有物的人感到不安与妒忌。此外，当社会整体倾向于占有型生存模式时，社会文化和价值观会强化这种比较与竞争的心态。在这样的社会环境中，成功往往被定义为超越他人、拥有更多的资源和更高的地位。这种文化氛围加剧了个体之间的竞争，使得妒忌成为一种普遍的社会现象。狂热的贪婪和占有欲在引发妒忌情绪的同时，也带来了无休止的战乱和纷争。正如诺贝尔和平奖获得者阿尔贝特·施韦泽（Albert Schweitzer）呼吁人们："当我们变得越来越像超人的时候，我们越来越不像个人。"（转引自 Fromm，2013）人们应当警惕占有型生存模式带来的妒火吞噬自己的心灵。而弗洛姆认为，并非自私、贪婪和妒忌导致了工业社会的产生，而是工业大环境增加了人们的贪婪和妒忌。同时，弗洛姆在《占有还是存在？》一书中也批判了绝对平均主义，"任何人只要稍微比自己好一丁点，他就会产生妒忌"的绝对平均主义是对个性化的抹杀（Fromm，2013）。弗洛姆和合著者在《健全的社会》（*The Sane Society*）一书中提出通过三方面改革（经济改革、政治改革、文化改革）来促进一个更加健全的社会的形成，从而促进人们精神层次的健全（Fromm & Anderson，2017）。

第三节　社会比较理论

《妒忌：一种社会行为理论》（*Envy: A Theory of Social Behavior*）一书的作者赫尔穆特·舍克说："妒忌涉及的是社会生活的一个核心问题，每当两个人能够相互对比的时候，这个问题就会自然而然地产生出来。"（Schoeck，1969）在他看来，妒忌来源于社会比较。另外，罗伯特·弗兰克在《奢侈品热》（*Luxury Fever*）一书中指出："有些人宁可自己赚的钱总额少些，只要赚得比邻居多就行；比如他们宁愿选择自己每年赚取 8.5 万美元，他人赚取 7.5 万美元，也不愿看到自己年收入达到 10 万美元，而他人却赚取高达 12.5 万美元。"（Frank，2001）接下来，本书将为大家介绍社会比较的概念及其相关理论，以便能够更明确地阐述社会比较与妒忌之间的关系。

一、社会比较的概念

"社会比较"这一概念最早由社会心理学家费斯汀格在 1954 年提出，它揭示了人类评估自身各项能力的深层渴望（Festinger，1954）。人们往往难以直接洞察自我，因此常常通过与他人的比较来明晰自己在群体中的位置和能力水平。例如，如果普遍认为人类跑 50 米的平均时间是 2 s，那么即便是世界纪录保持者莫里斯·格林的 5′56″也会显得逊色。正如《道德经》所云："长短相形，高下相倾。"我们对"长短"的判断往往取决于与谁比较，而社会比较便为我们提供了这样的参照系。在选择比较对象时，个体倾向于选择与自己相似的他人进行社会比较，一般不会选择与自己差异过大的人作为比较对象。比如，一个刚开始学象棋的初中生一般不会和世界公认的象棋大师比较高下。和相似的他人比较，个体更容易获得较为适合自己的社会信息。

1990 年，学者拓宽了社会比较的概念，认为获得准确的自我评估并不是人们进行社会比较的唯一动机（Kruglanski & Mayseless，1990）。个体可能会为了获得诸如阿德勒所说的虚假优越性而与表现不如自己的人做比较，也可能会为了获得宽慰而向下比较，再或者为了激发自己的动力选择与表现优异者进行比较。而且人们选择的比较对象不一定和自己相似，社会比较是具有高度情境性的。1995 年，Glibert 等提出社会比较不一定是主动的，具有一定的自动性（Gilbert et al.，1995）。虽然有时人们不愿意体验因社会比较带来的不快而在主观上回避社会比较，但社会比较还是会在不经意时自动发生。内隐的社会比较同样会对人的情感和行为产生影响。

综上，社会比较是指个体在社会互动情境中，通过主动或被动地对照他人特征（如观点表达、能力水平、情绪状态、学业成就及生理健康等），形成自我认知与评估的心理机制。这种比较既包含个体与特定参照对象间的单维度比对，也涉及基于多维指标对自我与他人的特征进行综合评估，其发生机制可能源于主体的自觉意识，也可能由外部环境因素触发。因此，个体在某个自己在乎的领域与优秀他者进行比较时，可能会产生妒忌的情绪。

二、社会比较的类型

社会比较按照比较方向可以分为三种：上行社会比较（upward social comparison）、平行社会比较（lateral social comparison）和下行社会比较（downward social comparison）。上行社会比较是指个体将自己与那些在某领域表现得更为卓越的人进行对比，平行社会比较是指将自己与在某领域和自己表现差不多的人进行对比，而下行社会比较是指将自己与在某领域表现不如自己的他人进行对比。

上行社会比较的方式因其固有的自我评价相对较低的特性，往往容易引发个体的妒忌感受。然而，Festinger（1954）提出了一个更为积极的观点。他指出，在进行上行社会比较的过程中，个体除了可能感受到妒忌之外，还可能被一种向上的动力所激励，这种动力源自一种渴望与优秀者齐头并进甚至超越优秀者的愿望。这种积极的驱动力不仅能够促进个体的自我提升，也是推动社会不断向前发展和完善的一个关键因素。通过这种方式，上行社会比较可以转化为一种建设性的力量，激发人们追求卓越，共同创造一个更加进步和完善的世界。在个体进行上行社会比较时，若他们相信自己未来有望达到或超越所比较对象的卓越水平，这种信念往往能够提升他们的自我评价，并引发一种积极的、建设性的妒忌心理，即善意妒忌。这种现象是上行社会比较中的同化效应（assimilation effect）的体现，它能够激励个体向优秀者看齐，追求自我提升和成长。然而，上行社会比较的影响并非仅仅是正面的。在某些特定情境下，个体可能会经历一种被称为对比效应的心理现象。这种效应源自与他人优势的比较，导致个体感受到自我价值受到挑战，进而产生心理上的不适。这种比较可能引发自卑感、心理痛苦等消极情绪，有时甚至会导致个体对那些表现更优秀的他人产生敌意，诱发恶意妒忌的产生，对个体的心理健康和情绪稳定造成负面影响。因此，我们在进行上行社会比较时，应当降低比较的频率并积极探寻提升自己的方式，从而更多地利用上行社会比较产生的善意妒忌促进自我进步，同时警惕恶意妒忌的产生。

第四节　模仿学习理论

法国哲学家勒内·基拉尔认为，人们的欲望并非天生就有的，也并不是由物品本身的形式、质量或功能所致，而是和其他人学来的（Girard，1961）。个体因为看到社会中的其他人渴望拥有它，所以自己也渴望拥有它。一件物品的价值和值得拥有的程度会受到追求该物品的人数以及这些追求者的社会层次的影响。比如，有位刚结婚的新娘想要钻戒，可能并非她本身有多么需要一个钻戒，而是因为人们普遍将钻戒视为忠贞爱情的象征。柏柳康整合了基拉尔的观点，写成了《模仿欲望：塑造人性、商业和社会的力量》（*Wanting: The Power of Mimetic Desire in Everyday Life*）一书（Burgis，2021）。他将欲望的模仿分为两种：第一种欲望模仿是纵向的，是指通过与社会中声望地位较高的人相比，从而产生模仿欲望。审美和时尚就在很大程度上受到了这种纵向模仿欲望的影响。比如，唐朝以胖为美，是因为地位尊贵的杨贵妃身材圆润；而当代兴起减肥热，又是因为经济和社会地位较好的人才有更多的时间进行身材管理。而第二种模仿欲望是横向的，是指与自己水平相当的人做比较，这种比较更带有竞争性。比如，有的人得知邻居去海边度假后，自己也想外出度假。他们并非本身有多么想去度假，但为了证明自己有更好的眼光，刻意不选择邻居的度假地点，可能选择一个花费更高的度假地点。这种"刻意的不模仿"其实也是一种模仿，究其本质，还是因为当事人的欲望受到了他人的影响。而柏柳康认为，我们大大小小的每个决策，都或多或少地受到了他人的影响："我们选择品牌，选择学校，甚至吃饭时点菜，都要先看看别人怎么选。"只不过在纵向模仿中，存在诸多将我们与被模仿的对象隔开的因素，如时间（如对方已经去世了或者生活在遥远的几个世纪前）、空间（如对方和自己不属于一个国家）、社会地位（如对方是自己日常生活中接触不到的亿万富翁）。这些使得我们与被纵向模仿的对象不在同一个时空，因此我们与他们并不存在竞争关系。这种情况下，人们更容易产生对纵向模仿对象的善意妒忌。而当我们的模仿欲望是横向的时，由于被模仿的对象和我们具有相似性，拥有差不多的能力，也同处于一个社会阶层，他们与我们具有更大的竞争关系。在这样的情况下，横向欲望更可能会诱导恶意妒忌的产生。

Lebreton 等（2012）的 fMRI 实验从脑科学的角度证明了人们"更倾向于选择他人愿意选择的物品"。当人们做出类似的"从众"选择时，大脑中主要有两个系统被激活：第一个系统由顶叶和前额叶运动皮层的镜像神经元组成，该系统负责模仿和解读他人的行为，称为"模仿系统"。第二个系统由前额叶皮层和纹状体组成，该系统负责评估物体和行动的价值，即在决策过程中负责评估某个事物是否值得花费精力，称为"评估系统"。镜像神经元构成的模仿系统驱动着评估系统，当这种驱动强度越大时，个体越容易按照外部他人的行为来评估事物的价值，进而改变自己的选择。

另外，在纵向模仿欲望的驱使下，人们倾向于仿效那些在社会地位、能力或成就上超越自己的人，这种模仿模式容易导致价值观与行为的同质化，从而促使社会对于"优秀"的标准趋于统一。一旦这种标准被广泛接受，人们关注的焦点便趋于一致，使得个体间的比较变得更为频繁和显著。与纵向模仿欲望不同，横向模仿欲望则聚焦于与自身条件相近的个体，这种模仿形式往往导致相似人群之间为争夺有限的资源而展开竞争。因此，无论是纵向模仿欲望导致的价值观趋同和可比性提高，还是横向模仿欲望引发的资源争夺，两者均在一定程度上加剧了社会生活中人们的妒忌心理（Burgis，2021）。

上述研究为我们揭示了人类决策背后的复杂机制，欲望并非单纯源于内心，而是深受社会环境与他人行为的影响。因此，理解并接纳这一现实，有助于我们更加明智地做出决策，避免盲目从众，坚守自己的独立性和判断力。在面对各种选择时，我们应学会审慎思考、理性评估，从而做出真正符合自己需求和价值观的决定。而当产生妒忌情绪时，我们也应当注意审视自己所妒忌的事物是否是自己真正需要的。

第六章

妒忌的神经机制

> 随着人的成长，我们面临的社会挑战变得更加微妙和复杂。除了语言和行动，我们必须理解音调变化、面部表情、肢体语言。当我们全神贯注地投入讨论，大脑这台机器便忙着处理复杂的信息。这些运作完全出于本能，人们根本察觉不到。
>
> ——大卫·依格曼（转引自苏珊·格林菲尔德，2004）

随着认知神经科学领域的技术发展，越来越多的心理现象可以借助客观的生理指标找到合理的解释。仿佛在仅占据成人体重约 2% 的大脑"黑箱"里（Bélanger et al.，2011），藏着操控人类一切认知和情绪的秘密按钮。无论是感知觉还是记忆与决策，每一种认知过程或情绪都由特定的脑区负责运行，妒忌自然也不例外。妒忌领域的研究者正努力运用不同的脑成像技术，从生理层面客观揭示妒忌情绪形成与发展的脑区，并探究妒忌在不同时间阶段所关联的认知过程，还关注神经递质在妒忌中起到的作用。接下来，本章将从妒忌的脑结构与功能、神经电活动以及神经递质三个方面，详细介绍妒忌情绪的神经机制。

第一节　妒忌与脑结构和功能

社会比较作为社会交往的重要方面，深刻影响着个体的自我认知与情感体验。根据经典的社会比较理论，个体往往通过与他人的社会比较来评价自身的能力和信念，进而塑造个体的态度和观点（Festinger，1954）。在社会比较的过程中，妒忌作为一种复杂的负性情绪，不可避免地卷入其中，其背后的认知和神经机制一直以来都是社会认知神经科学研究的重点和难点。鉴于妒忌概念的复杂性和多维性，科学研究强调其神经机制可能涉及众多脑区的参与，特别离不开前额叶-纹状体神经回路。该神经回路主要参与心理理论（theory of mind，ToM）相关的认知功能（即加工他人的心理和情绪状态）以及奖赏过程（调节动机和快乐与否的体验）。此外，妒忌还涉及情绪状态的表征过程，上述认知功能、奖赏体验及情绪表征过程的协同作用共同决定了妒忌的产生与否。接下来，我们将从心理理论、奖赏体验、情绪表征过程及其神经基础来阐述妒忌的认知神经机制。

一、心理理论相关的神经网络

妒忌作为一种非常重要的社会情绪，根植于社会情境，产生于社会比较，因此有研究者推测，妒忌很可能与心理理论能力直接相关，并通过负责心理理论的神经网络进行调控。早期的研究发现，心理理论在调节妒忌的理解方面起着重要作用（Shamay-Tsoory et al.，2007）。大量研究显示，腹内侧前额叶皮层（ventromedial prefrontal cortex，vmPFC）在个体完成加工心理理论相关任务时扮演着关键角色（Gallagher et al.，2000；Shamay-Tsoory et al.，2007）。当个体试图理解他人意图和信念时，腹内侧前额叶皮层的激活程度增强。神经解剖学研究也发现，腹内侧前额叶皮层与额下回、眶额皮层（orbitofrontal cortex，OFC）和边缘系统（limbic system）均有着广泛的神经投射，有助于个体整合来自不同脑区的新信息，以调节情绪、抑制行为并理解复杂的社会情境。当 vmPFC 和眶额皮层损伤时，个体经常会出现情绪和社会功能障碍（Mah et al.，2004）。

　　基于腹内侧前额叶皮层在心理理论过程中的重要作用，Shamay-Tsoory 等（2007）率先通过脑损伤的研究方法，考察腹内侧前额叶皮层损伤的患者理解社交竞争情绪（如妒忌和幸灾乐祸）的神经解剖学基础，并考察这些情绪是否由心智化网络介导。该研究使用了眼睛凝视任务来评估患者的心理理论能力，要求被试通过判断特定情境下角色的面部表情来识别妒忌、幸灾乐祸和认同三种情绪。结果发现，虽然腹内侧前额叶皮层损伤患者在基本的一阶心理理论任务（基于他人的眼神和面部表情来推断他人的心理状态）中表现正常，但这类患者（尤其是右半球损伤者）在妒忌情绪的识别上表现出明显障碍（图6-1）。该研究首次从脑损伤视角证实了腹内侧前额叶皮层在妒忌情绪产生过程中的重要作用，强调了由腹内侧前额叶皮层支持的心理理论能力或许是个体理解妒忌等社交情绪的潜在神经基础。

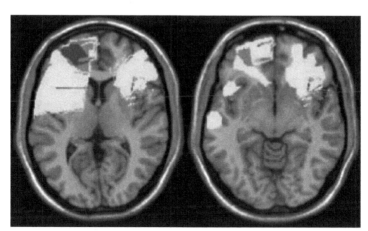

图6-1　妒忌主要受右侧腹内侧前额叶皮层病变的影响（Shamay-Tsoory et al.，2007）

（见文后彩图6-1）

　　为了更深入地理解心理理论能力在妒忌中的作用，Shamay-Tsoory 团队进一步将注意力聚焦到孤独症谱系障碍（autism spectrum disorder，ASD）中的阿斯伯格综合征（Asperger syndrome，AS）和高功能孤独症（high functioning autism，HFA）群体。早期研究显示，患有孤独症谱系障碍的个体在对自己和他人的意图、信念和情感进行心理化方面表现出明显困难，被认为是缺乏心理理论能力的典型群体（Baron-Cohen et al.，1985）。理论上，如果心理理论能力对于妒忌的产生不可或缺，那么阿斯伯格综合征与高功能孤独症患者在妒忌和幸灾乐祸的情绪体验上便存在缺陷。结果发现，尽管这两组被试能够理解他人的基本心理状态，但是在识别妒忌和幸灾乐祸这两种情绪时的能力显著下降。该结果表明，阿斯伯格综合征和高功能孤独症患者在理解由他人成功或不幸的情境所引发的情绪反应方面存在困难。这些情绪的识别不仅要求个体能够解读他人的心理状态，还需要他们能够从他人的角度出发，进行更高水平的观点采择。另外，研究者还发现这两组被试在观点采择量表上的得分显著低于健康对照组，这进一步证实了孤独症谱系障碍个体在观点采择能力上的不足（Shamay-Tsoory，2008）。综上，该研究从心理理论出发，进一步证实了心理理论中的观点采择或许是妒忌情绪产生的重要心理过程。

除了脑损伤与特殊人群的证据，Harris 和 Fiske（2007）通过 fMRI 技术系统考察了内侧前额叶皮层（medial prefrontal cortex，mPFC）在处理社会情绪时的关键作用。实验中，被试观看了代表不同社会群体成员的图片，并被要求完成两项任务：个体化偏好判断（评估图片中的人物对特定蔬菜的喜好）和一般性的分类判断（估计图片中人物的年龄）。该设计可以直接比较个体在进行个体化信息处理与一般性分类处理时的大脑活动差异，尤其是可以考察与社会情绪（如妒忌）处理相关的脑区活动。结果表明，当被试进行个体化偏好判断时，相对于一般性的分类判断，内侧前额叶皮层呈现出更高的激活水平，并且，该脑区在个体处理引起专属社会情绪（如骄傲和妒忌）的群体成员图片时的激活水平显著高于处理非专属社会情绪（如厌恶）的群体成员图片时的激活水平。该实验为内侧前额叶皮层在个体加工妒忌等社会情绪时起核心作用提供了证据。

来自静息态 fMRI 的研究还发现，特质妒忌得分与多个脑区的局部一致性指标呈显著正相关，包括额下回/额中回、背内侧前额叶皮层（dorsomedial prefrontal cortex，dmPFC）（图 6-2）。这些区域与自我评估、社会感知和社会情绪的处理密切相关（Xiang et al.，2016）。此外，该研究还发现，修订版大五人格量表中的神经质这一维度与妒忌特质得分显著相关，并且在额下回/额中回局部一致性与妒忌的关系中起到中介作用。另外，背外侧前额叶皮层和颞上回（superior temporal gyrus，STG）的灰质体积与特质妒忌得分呈显著正相关（Xiang et al.，2017）。这些脑区均是心理理论神经网络的关键区域，因此，前额叶皮层的结构和功能模式对于理解妒忌的神经基础有着重要的意义。

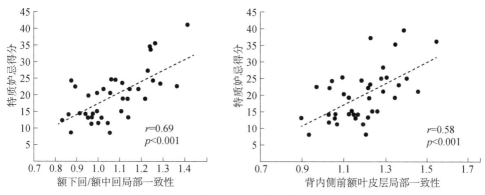

图 6-2　不同脑区与特质妒忌得分的相关性（Xiang et al.，2016）

注：左图显示特质妒忌得分与额下回/额中回局部一致性之间的相关性；右图显示特质妒忌得分与背内侧前额叶皮层局部一致性之间的相关性

二、奖赏体验相关的神经网络

研究显示，大脑的奖赏系统与妒忌情绪的产生密切相关（Dvash et al.，2010）。妒忌作为一种复杂的社会情绪，其形成过程涉及价值判断、结果评估和行为决策。奖赏系统主要是由大脑的中脑边缘系统（mesolimbic system）构成的，包括背侧纹状体（dorsal striatum，DS）和腹侧纹状体（ventral striatum，VS）。其中，前者主要涉及尾状核和壳核，后者主要涉及伏隔核（nucleus accumbens，NAcc）。

妒忌研究中常常涉及社会比较情境，特别是个体自己与对手的相对收益模式。研究人脑如何加工相对奖赏差异的神经机制，对于我们充分理解妒忌有着重要的意义。Fliessbach 等（2007）在《科学》（*Science*）杂志上发表了一篇研究报告，研究中他们借助 fMRI 技术揭示了腹侧纹状体加工处理相对奖赏的神经机制。一方面，他们的实验结果（图 6-3 和图 6-4）表明，腹侧纹状体能够加工奖赏的绝对大小，同时在社会比较过程中，当个体自身收益高于对方收益时，腹侧纹状体仍然呈现出显著激活的特点，而当个体自身收益低于对方收益时，腹侧纹状体激活水平显著降低。该结果不仅强化了腹侧纹状体在奖赏处理中的核心地位，也为后续涉及妒忌的研究提供了坚实的理论基础。

随后，Tricomi 等（2010）的研究进一步细化了上述发现。他们通过操纵被试的收入差异，直接探究了不平等奖赏对大脑活动的影响。结果发现，当低收入者目睹高收入者获得更多金钱时，尽管这并未直接影响其个人财务状况，但腹侧纹状体和腹内侧前额叶皮层的激活水平却显著降低，反映出个体对收入差距加大

的负面情感反应，这或许是一种妒忌的表现。该研究暗示了腹侧纹状体和腹内侧
前额叶皮层在个体调节由相对得失诱发的妒忌情绪中起到关键作用。

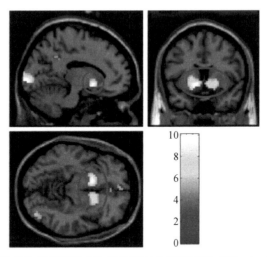

图 6-3　左腹侧纹状体在不同社会比较条件下的激活情况（Fliessbach et al., 2007）

（见文后彩图 6-3）

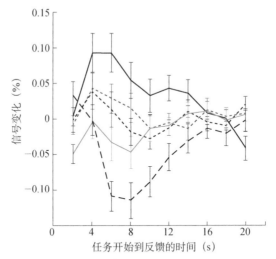

图 6-4　不同社会比较的变化趋势（Fliessbach et al., 2007）

注：黑线实线代表被试获得奖励而对方没有获得奖励；黑色长虚线表示被试和对方都没有获得奖励；黑色短虚线
表示被试和对方获得相同的奖励；灰色实线表示被试与对方获得奖励水平的比例为 1 : 2；灰色虚线表示被试与
对方获得奖励水平的比例为 2 : 1

在此基础上，Dvash 等（2010）巧妙地构建了一个结合绝对得失与相对得失
的情境，直接揭示妒忌情绪产生的神经机制。实验中，被试被告知其正在与另一

位玩家进行一场涉及金钱得失的颜色选择游戏。在游戏的每个阶段，被试都需要从三扇不同颜色的门中选择一扇门，之后会立即得知自己赢了钱或输了多少钱。随后，他们也会看到另一位玩家的输赢结果。实验发现，当被试在金钱游戏中体验到绝对损失，即输钱时，腹侧纹状体的激活水平会降低。另外，当被试在金钱游戏中体验到相对损失，即被试实际上赢钱，但相对于另一名玩家赢得少时，腹侧纹状体的激活水平也显著降低，此时被试感受到妒忌。这表明，绝对金钱损失和相对金钱损失与较低的快乐感和增强的妒忌感有关。除此之外，该项研究还发现，相对结果事件中内侧前额叶皮层和颞极的激活水平比绝对结果事件中的激活水平更高（Dvash et al.，2010）。这些区域被认为与心智化功能——个体通过构建他人心理模型来推测其意图、信念及情绪状态的能力——密切相关（Gallagher & Frith，2003）。这一结果意味着心理理论神经网络参与了个体将自己的结果与他人的结果进行社会比较的过程。因此，我们推测，个体在与对手社会互动的过程中诱发了内侧前额叶皮层和颞极的激活，产生对于他人心理过程的推理和意图猜测，进而导致妒忌等负性情绪体验的产生，使得腹侧纹状体的激活水平显著降低。

综上所述，神经科学研究证据揭示了前额叶–纹状体神经回路在个体处理社会情境中的妒忌情绪方面的重要作用，强调内侧前额叶皮层负责心理理论能力，其输出信号进一步输入到腹侧纹状体，从而使个体产生负性或者痛苦的情绪体验。

三、情绪表征相关的神经网络

当经历向上社会比较时，个体可能会体验到痛苦的妒忌感（Salovey & Rodin，1984）。基于妒忌的痛苦属性，研究者发现，妒忌产生时会激活疼痛和情绪的相关脑区——前脑岛（Luo et al.，2018），以及负责加工认知冲突或社会疼痛的背侧前扣带回皮层（Fittipaldi et al.，2023）。接下来，我们将详细阐述与情绪状态表征相关的神经机制。

Takahashi 等（2009）通过 fMRI 技术考察了社会比较诱发的妒忌情绪表征机制，该成果发表在《科学》杂志上，为人们认识妒忌的神经机制提供了可靠的实证证据。实验采用角色代入范式，以诱发个体的妒忌情绪状态。具体来说，实验者向被试呈现三个角色的具体情况，主要按两个维度进行呈现：一是相似性程度，二是优越程度。三个角色分别如下：第一位角色在各领域的表现均优秀（优越程度记为"superior"），且与被试的性别和爱好等特征相似性较高（相似性程度记为"high"），标记为"SpHi"；第二位角色在各领域的表现也很优秀（优越程度记为"superior"），但与被试的性别和爱好等特征相似性较低（相似性程度记为"low"），标记为"SpLo"；第三位角色在各领域的表现相对普通（优越程度记为"average"），与被试的相似性程度较低（相似性程度记为"low"），标记为"AvLo"。指导语是："在求职过程中，请设想自己作为求职者，面对上述三个竞争者，你可能会有多大程度的妒忌和幸灾乐祸情绪？"结果表明（图6-5），当竞争对手在与自我不相关的领域表现出优越性时（如 SpLo），人们可能不会感到强烈的妒忌；相反，当竞争对手在与自我相关的领域内表现出优越性时（如SpHi），人们更可能会经历强烈的妒忌感，由此显著激活前扣带回皮层和背侧前扣带回皮层。其中，背侧前扣带回皮层的激活随着被妒忌者的自我相似性和优越性的提高而显著增强。Takahashi 等（2009）认为，背侧前扣带回皮层对妒忌刺激的反应可能反映了该情绪的痛苦特征，表明被试体验到了一种痛苦的情绪。这种痛苦可能源自自我概念的威胁，类似于认知失调（van Veen et al.，2009），或者是由于进行了向上社会比较，类似于社会排斥（Eisenberger & Lieberman，2004）。这是首篇证实了妒忌本质上是一种社会性疼痛或是认知失调下的情绪状态表征的实证研究。

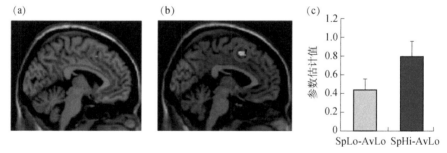

图 6-5　背侧前扣带回皮层在不同条件下的脑激活情况（Takahashi et al.，2009）
（见文后彩图6-5）

注：（a）是指比较竞争者表现优秀且和被试相似性低（SpLo）以及竞争者表现普通且和被试相似性低（AvLo）的大脑激活情况，即 SpLo-AvLo；（b）是指比较竞争者表现优秀且和被试相似性高（SpHi）以及竞争者表现普通且被试相似性低（AvLo）的大脑激活情况，即 SpHi-AvLo；（c）是指 SpHi-AvLo（红色）背侧前扣带回皮层激活程度显著高于 SpLo-AvLo（黄色）（t=2.56，p=0.02）。误差条表示标准误差

之后，Cikara 和 Fiske（2013）探究了在体育竞技背景下，球迷间的妒忌是如何产生的。实验中，强烈支持某一球队的球迷在 fMRI 扫描期间被要求观看了他们支持的球队、对手球队以及其他两支球队在比赛中成功或失败的视频片段。

结果显示，当球迷观看自己支持球队战胜对手球队或者对手球队失败时，腹侧纹状体的激活水平显著升高，表明他们产生了一种与奖励和快乐感知有关的情绪体验。同时，当球迷看到自己支持的球队失败或对手球队成功时，前扣带回皮层和前脑岛区域显著激活，说明这成功诱发了他们与妒忌相关的情绪体验。这一结果再次证实了前扣带回皮层或许表征了个体的社会性疼痛。

接下来，我们将视角转向特殊群体。Franco-O'Byrne 等（2021）的研究聚焦于青少年犯罪群体和非犯罪群体，旨在从大脑发育视角考察妒忌的神经发育规律。他们的研究采用了行为测试和神经影像学方法，以评估两组被试在社会情绪体验、执行功能和流体智力（fluid intelligence，FI）方面的差异。此外，研究者通过社会情绪任务测量被试在特定情境下的妒忌或幸灾乐祸体验。结果显示，青年犯罪群体比非犯罪群体体验到的妒忌显著更弱（图 6-6），并且在执行功能上的表现也较差，社会情绪体验的减少与执行功能的减弱有关，但与流体智力无关。此外，脑结构分析显示（图 6-7），较弱的妒忌体验与大脑结构的异常有关，特别是与下顶叶和楔前叶（对应心智化能力），以及颞下回和颞中回（对应社会情绪处理能力）的灰质体积减小有关。该实验聚焦青春期阶段的青少年，证实了青少年犯罪群体或许由于存在妒忌等社会情绪障碍，难以很好地从他人视角理解社会行为，进而表现出更多的犯罪行为。

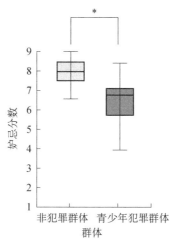

图 6-6　青少年犯罪群体和非犯罪群体的妒忌行为表现（Franco-O'Byrne et al.，2021）

当聚焦在成年孤独症谱系障碍群体时，Fittipaldi 等（2023）的研究选取了孤独症谱系障碍被试和神经正常被试，神经正常被试指没有被诊断为孤独症谱系障碍或其他广泛性发展障碍的普通人。实验要求每位被试观看经过充分验证的能诱

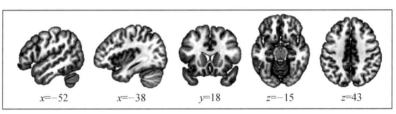

图 6-7   青少年犯罪与妒忌情绪减少呈正相关的脑区（*p*<0.001，未校正），包括颞叶、顶叶、额叶（Franco-O'Byrne et al.，2021）（见文后彩图 6-7）

发妒忌情绪的刺激材料。结果发现，所有被试在妒忌条件下都显著激活了双侧背内侧前额叶皮层、右前岛叶、双侧额中回、双侧楔前叶、右侧角回和缘上回等区域。孤独症谱系障碍被试在经历妒忌时，虽然报告的妒忌体验强度与神经正常被试相似，但在神经层面上，其大脑的后岛叶、后中央回和颞上后区出现了过度激活的情况。这表明孤独症谱系障碍个体可能通过放大身体痛苦体验和额外的心智化努力等补偿性策略来形成他们对妒忌的主观体验。这一发现从神经层面揭示了孤独症谱系障碍个体在经历妒忌时可能采用的特殊策略，进而证明了心智化对于妒忌的重要性。

除了直接关注妒忌情绪产生的神经机制以外，研究者还探究人们如何推断他人是否妒忌的神经机制。通常，人类依靠自己的经验来推断他人的想法或感受（Gallese & Goldman，1998）。因此，人们会非常容易地假设他人的状态和自己一样（Gilovich et al.，1983）。当自我和他人的经验相匹配时，这种假设有一定作用。但人们自己的体验与他人的体验常常并不相同，这会导致以自我为中心的判断偏见。Steinbeis 和 Singer（2014）用五项研究探索了情绪自我中心偏见（emotional egocentricity bias，EEB）的神经机制。实验采用金钱获得与损失游戏来诱发被试的妒忌和幸灾乐祸情绪，同时评估被试和他人的情绪状态。结果发现，在社会比较情境下，被试倾向于将自己的情感体验投射到他人身上。最重要的是，被试体验到的情绪强度和其预测的他人情绪强度高度相关。研究者还发现，不管被试有没有参与到这个游戏中，都会观察到这种对他人情绪的投射现象，这表明情绪自我中心偏见不依赖于直接的情感参与。此外，个体体验妒忌时激活了左侧前岛叶和内侧前额叶皮层（图 6-8），个体将妒忌投射到他人时同样激活了左侧前岛叶和前扣带回皮层（图 6-9）。重要的是，个体体验妒忌时左侧前岛叶的激活程度与推测他人妒忌情绪时该区域的激活程度之间存在显著的正相关关系。该实验结果证实了前脑岛和前扣带回皮层同时参与了妒忌情绪体验以及推测他人是否妒忌的心理过程，对于我们认识和理解上述脑区的功能有着重要的推动作用。

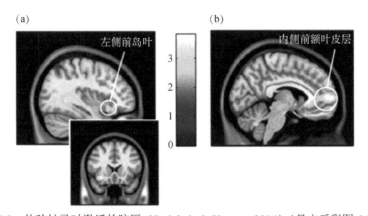

图 6-8　体验妒忌时激活的脑区（Steinbeis & Singer，2014）（见文后彩图 6-8）

注：（a）是体验妒忌激活的脑区——左侧前岛叶；（b）是体验妒忌时激活的脑区——内侧前额叶皮层

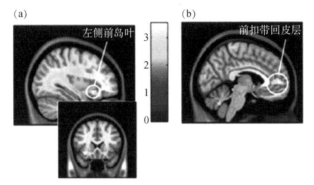

图 6-9　体验妒忌与推测他人妒忌情绪激活的重叠脑区（Steinbeis & Singer，2014）
（见文后彩图 6-9）

注：（a）是体验妒忌与推测他人妒忌情绪激活的重叠脑区——左侧前岛叶；（b）是体验妒忌与推测他人妒忌情绪
激活的重叠脑区——前扣带回皮层

第二节　妒忌与神经电活动

脑电技术作为一种常见的电生理技术，能够为我们提供深入了解大脑活动及其与心理状态关系的独特视角。这项技术通过记录和分析大脑皮层产生的微弱电信号（即脑电波），实时捕捉并解析神经活动的微妙变化。脑电信号反映了大脑神经元集群的同步放电活动，特别是突触后电位活动，是研究认知、情绪、注意等心理过程的重要工具。在脑电技术中，ERP 是一种常用的研究方法，它通过给被试呈现特定的刺激（如视觉、听觉等），并同步记录由此诱发的脑电变化，来推测人类心理过程背后的神经机制。

在最后通牒游戏中，Falco 等（2019）通过巧妙的实验设计，揭示了妒忌情绪如何影响经济决策过程。实验中，被试在游戏中扮演响应者的角色，面对由提议者提出的金钱分配方案需做出接受或拒绝的选择：若接受，金钱按提议分配；若拒绝，双方均一无所获。实验模拟了社会包容和排斥的情境，提议者基于被试的照片来选择与谁互动，该过程可以是由电脑随机分配的，也可以是提议者有意为之。当被试被选中时，他们需要对公平或不公平的分配提议做出快速反应。此外，被试在观察到另一名虚构的响应者（对手）接受提议时，也需要做出反应。与此同时，研究者使用 ERP 技术监测被试在决策过程中的脑电活动，尤其关注的是 P200（通常出现在刺激呈现后 150—275 ms 的时间范围内，与注意力的自动捕获有关，特别是对于新奇或突出的刺激）、P300（通常出现在刺激呈现后 300—600 ms 的时间范围内，与认知过程中的注意力分配和决策制定有关）和 FRN（通常出现在反馈刺激呈现后 200—300 ms 的时间范围内，与对结果的预期违反有关，通常在个体接收到比预期更糟糕的结果时出现）。实验结果显示（图 6-10），对于 P200 成分，当收到公平提议时，被试的 P200 波幅比收到不公平提议时更大。此外，当不公平的提议被提供给另一名对手时，被试的 P200 波幅同样增大。这可能表明被试在收到公平提议时，大脑对这类积极结果有更明显的反应，同时，观察到对手收到不公平提议时也引起了被试大脑的注意，这可能与幸灾乐祸的情绪体验有关。对于 P300 成分，当提议是针对被试时，被试的 P300 波幅比当提议是针对对手时更大，这表明被试对接收到的给自己的提议投入了更多的注意资源。然而，在提议者选择模式下，当对手收到公平提议时，被试的 P300 波幅与当被试自己收到公平提议时相似。这可能反映了被试对对手的妒忌情绪，因为他们意识到对手不仅被社会包容，还得到了公平的回报。对于 FRN 成分，被试在自己收到提议时的 FRN 波幅比在对手收到提议时更小，FRN 波幅的差异可能表明被试对自己与他人结果的评价基准不同。该实验结果从脑电成分上为我们理解妒忌提供了神经电生理层面的机制解释。

另外，Lin 和 Liang（2021）通过货币游戏范式探究恶意妒忌对幸灾乐祸的影响，并考察这种影响是否会受到收益和损失两种框架的调节作用。实验中，被试被告知他们将与其他玩家进行货币游戏。在实验条件中，被试在收益框架下赢得的钱比另一名玩家少，在损失框架下输的钱比另一名玩家多，这被用来诱发被试的恶意妒忌情绪。在控制条件中，被试和玩家在收益框架下都赢得很少的钱，在损失框架下都输掉较多的钱。然后，被试被告知那名玩家遭遇了不幸，即在收

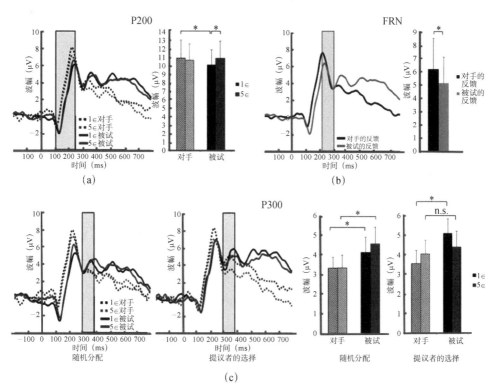

图 6-10 被试和对手在收到公平与不公平提议时的 ERP 波形（Falco et al.，2019）

注：实线代表被试，虚线代表对手。1€代表不公平报价，5€代表公平报价。*表示相关，n.s.表示不相关

益框架下赢得很少的钱，在损失框架下输掉很多的钱，被试需要评估他们对这一不幸事件的幸灾乐祸感觉。实验过程中，研究者关注 FRN 和 LPP（通常在刺激呈现后约 300 ms 出现，并可能持续数秒的正电位成分，主要在顶叶和枕叶区域出现）。一般来说，LPP 与个体对情绪刺激的后期评价过程有关，通常认为其与情绪的调节和控制相关。LPP 的波幅与个体对情绪刺激的主观评价有关，个体在对积极情绪刺激进行评价时通常会呈现更大的 LPP 波幅。此外，可以进一步将 LPP 细分为早期 LPP 和晚期 LPP，以更精确地分析神经活动的时间进程和功能差异。行为结果显示，与控制条件相比，恶意妒忌条件增强了被试对玩家不幸事件的幸灾乐祸感觉，且这一效应在收益和损失框架下均显著，表明恶意妒忌普遍增强了被试幸灾乐祸的情绪体验。ERP 结果表明（图 6-11），在收益框架下，恶意妒忌条件下的 FRN 和晚期 LPP 成分显示出比控制条件下更大的波幅，这表明当被试相比于他人获得较少收益时，他人遭遇不幸会引起被试更强的预期违背和结果评价的神经反应；而在损失框架下，恶意妒忌条件下的晚期 LPP 成分显示

出比控制条件下更大的波幅，表明当被试自己和他人都有损失，但他人损失更多时，他人遭遇更大的不幸会引起被试更积极的结果评价。前人研究发现，LPP 和 FRN 这两个成分反映了腹侧纹状体和前额叶皮层的活动，说明这两个大脑区域与恶意妒忌和幸灾乐祸有关（Pfabigan et al.，2014；Moore et al.，2019）。

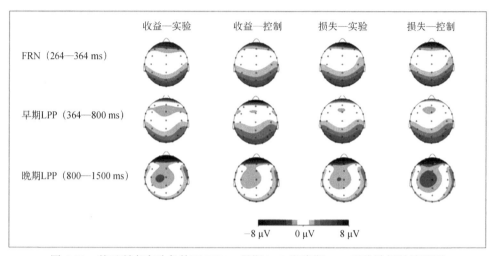

图 6-11　基于所有实验条件下 FRN、早期 LPP 和晚期 LPP 平均波幅的地形图
（Lin & Liang，2021）（见文后彩图 6-11）

综上，脑电技术有助于揭示妒忌的神经电生理机制，特别是 P300、P200、FRN 和 LPP 等脑电成分，这些成分分别与妒忌产生过程中的不同认知和情感机制相关，如社会比较的注意力分配（P300）、突出刺激的自动加工（P200）、结果预期违背（FRN）以及情绪评价调节（LPP）。不同强度的妒忌情绪可能激活不同的神经网络，并影响个体的经济决策、社会比较和幸灾乐祸等。其中，恶意妒忌增强了个体对他人不幸的幸灾乐祸情绪，并且个体在收益和损失框架下的恶意妒忌表现出显著的神经反应差异。这些发现不仅极大地丰富了我们对于妒忌情绪及其神经生理基础的认识，更为后续探索情绪状态如何塑造决策制定、调控社会行为等复杂心理现象开辟了新视野。

第三节　妒忌与神经递质

催产素（oxytocin，OXT）是一种神经肽，在人体内扮演双重角色，不仅在大脑和神经系统之外的外周区域调节着子宫收缩和哺乳期的乳汁喷射，而且在大脑内部作为神经调节剂，参与神经信号的传递。催产素合成于下丘脑的室旁核（paraventricular nucleus，PVN）的小细胞神经元内，随后通过神经纤维网络投射到大脑的多个边缘系统区域，如海马、杏仁核、中脑和后脑以及伏隔核，这些区域均与社会行为、情感反应和奖赏处理密切相关。为了探究催产素是否参与调节人类的社会行为，Shamay-Tsoory 等（2009）设计了一项金钱输赢的机会游戏实验。该实验通过比较接受催产素鼻腔喷雾给药和安慰剂鼻腔喷雾给药的两组被试，发现催产素在金钱获得不平等情境下能显著增强个体的妒忌情绪这一独特效应，而在平等条件下则无此效应。该研究证明了催产素在促进社会比较中的不平等感知与反应中的关键作用。值得注意的是，该研究还指出，催产素并没有改变被试的总体情绪评分，这表明其对妒忌情绪的调节作用具有特异性，并不会广泛影响被试的整体情绪状态。

在生活中，不平等厌恶引发的妒忌情绪也是随处可见，一般认为妒忌是由自我与他人之间结果的差异而引起的负面情绪，其神经机制受到催产素和 γ-氨基丁酸（γ-aminobutyricacid，GABA）等神经递质的深刻影响。Tanaka 等（2019）通过游戏体验法（详见本书第二章第二节）考察基因型、行为决策与大脑活动的交互作用（图 6-12），发现催产素受体基因（oxytocin receptor gene，OXTR）和谷氨酸脱羧酶 1 基因（glutamate decarboxylase 1，GAD1；负责 GABA 合成）之间存在交互作用，这种交互作用调节了妒忌厌恶行为及妒忌引起的背侧前扣带回皮层活动。该研究首次证实了催产素能够通过调控负责妒忌情绪体验的背侧前扣带回皮层的大脑活动来塑造个体的社会行为，为未来探索相关心理与行为干预策略提供了宝贵的遗传学视角。

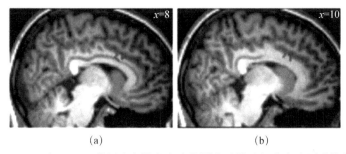

(a)　　　　　　　　　　　　　　(b)

图 6-12　GAD1 和 OXTR 基因多态性在全脑范围内对妒忌相关大脑活动的交互作用
（Tanaka et al.，2019）（见文后彩图 6-12）

注：(a)(b) 表示在背侧前扣带回皮层中发现了 GAD1 和 OXTR 的交互作用。(a)：$P=4.3\times10^{-2}$，MNI 坐标为（8，14，30）；(b)：$P=2.8\times10^{-2}$，MNI 坐标为（10，14，28）

综上，催产素作为一种多功能神经递质，在调节人类社会行为，特别是不平等情境下的妒忌情绪方面扮演了重要角色。催产素通过影响大脑的边缘系统区域来精细调控个体在社会比较过程中的情感反应。同时，催产素的作用机制还受到遗传因素的调控，它与特定基因交互作用，共同塑造了人类对不平等情境的神经反应模式。

第七章

妒忌的发展轨迹

"什么东西早晨用四条腿走路，中午用两条腿走路，晚上用三条腿走路？"

——斯芬克斯之谜

人的一生是不断变化的。那么，随着生命之轮的运转，在人生不同的发展阶段中，妒忌又会产生怎样的变化呢？本章将介绍妒忌程度、妒忌领域和妒忌对象随年龄增长而发生的变化，并探讨这些变化背后的原因。

第一节　一般领域上妒忌的发育轨迹

一、儿童阶段的妒忌发育轨迹

Gaviria 等（2021）梳理了儿童妒忌情绪的发育历程。他们认为，幼儿在 3 岁时虽然不能做到用表示情绪的词汇来表达妒忌，但他们可以感知到妒忌，并知晓怎样的情境可能会引发妒忌。他们能感知到如果一个人想获得一件东西，而看到别人拥有自己却没有时，会感到沮丧，也能感受到当一个人拥有了自己所渴望的东西时会感到幸福。而从 6 岁开始，儿童逐渐理解了社会道德维度，这也意味着他们需要根据人际交往规则来考虑哪些情绪可以表达、哪些情绪应当隐藏（Quintanilla & de López, 2013）。例如，他们知道了在自己产生妒忌情绪时不要贬损他人，也知道了在被夸奖时应表现出适度的谦虚。他们意识到，承认妒忌意味着对自己的不认可、承认自己处于劣势，并且表达妒忌可能会损害自己的声誉，给自己带来负面的社会评价。因此，儿童有可能选择不表达妒忌来保护自己的公众形象，维护自己的人际关系（Quintanilla & Giménez-Dasí, 2017）。这些知识是儿童社会化的一部分，也促进着他们人际交往思维的发展。Steinbeis 和 Singer（2013）采用资源分配范式研究了 7—13 岁儿童的妒忌和幸灾乐祸。结果表明，当儿童体验到较少的妒忌和幸灾乐祸时，他们会倾向于选择平等主义的分配方式。然而，随着年龄的增长，妒忌和幸灾乐祸的情绪逐渐减少。这种变化可能与情绪调节能力的提升有关，因为情绪调节是一种动态的过程，能够帮助个体更好地管理负面情绪。妒忌和幸灾乐祸作为短暂的情绪反应，往往源于对自己与他人成就的比较和对自身地位的威胁感。然而，随着年龄的增长，个体可能越来越擅长识别和管理这些情绪，从而减少其发生的频率和强度。这种情绪调节的成熟可能源于社会经验的积累、自我反思能力的增强以及对他人成就更理性的解读。

先前研究发现，群体认同会对妒忌产生影响。以儿童为被试的研究发现，3—5 岁儿童便表现出对自己所属群体的偏好。他们可能会倾向于用褒义的形容词来描述自己所属的群体，而用贬义的形容词来描述其他群体。5 岁时，儿童可以主观地认同他们所属的群体，并将所属的群体纳入自我概念中。在 6—8 岁，儿童开始对他们所属的群体表现出更强烈的偏好，并在认知、情感和行为模式上将自己所属群体与其他群体区分开来。在 6—8 岁这个年龄段，儿童会对自己所属群体的内部成员有偏爱，但是并不会对群体外成员产生敌意（Nesdale & Flesser，2001）。在 6—11 岁，儿童在面对与自己所属群体不同的人时，更容易体验到强烈的恶意妒忌和善意妒忌情绪。相反，当妒忌对象与自己同属一个群体，并且该群体正与其他群体竞争时，恶意妒忌的情绪会有所减少（Gaviria et al.，2021）。可见，群体认同有助于减少儿童的恶意妒忌。

二、成年阶段的妒忌发育轨迹

除了研究儿童成长过程中妒忌的发生和发展外，有研究者还探讨了成年群体妒忌情绪的发展情况。Erz 和 Rentzsh（2024）为了探究特质妒忌在发育过程中的变化，开展了一项为期六年的纵向研究。参与该纵向研究的被试共有 1229 人，年龄在 18—88 岁，平均年龄为 47 岁。研究者使用领域特定妒忌量表来测量被试的妒忌程度，该量表主要可以测得两类因子：一般妒忌和领域特定妒忌。结果发现，在初始水平，特质妒忌与年龄之间呈现出一种显著的负相关趋势，年轻个体报告的妒忌水平较高，而年长个体报告的妒忌水平较低。然而，在长达六年的观测期内，妒忌的均值变化幅度较小，表明妒忌在一段时期内是高度稳定的。其中，一般妒忌的稳定性在中年时期达到峰值，而在年轻和老年时期较低（图 7-1）。领域特定妒忌也显示出高度的稳定性。由于受到个人经历和环境的影响，不同个体的领域特定妒忌水平随时间的变化幅度具有个体差异性。因此，该研究在数据分析时采用了"特质–状态–情境"（trait-state-occasion，TSO）模型（见知识窗 7-1）来分析妒忌的特质变量和情境变量。TSO 模型将潜在变量分解为特质因子和情境因子。特质因子代表跨时间稳定的个体倾向性，情境因子代表因情境而变化的特异性效应，如特定事件或暂时性的人际关系变化。TSO 模型分析进一步揭示，妒忌的变异主要由稳定的特质因子解释。在一般妒忌的变异中，有 80% 归因于特质因子，20% 归因于情境因子；而在领域特定妒忌的变异中，有 76%—80% 归因于特质因子，20%—24% 归因于情境因子。这表明尽管特定事件或情境可能导致妒忌的短期波动，但妒忌的核心特质在时间上却是相对稳定的。

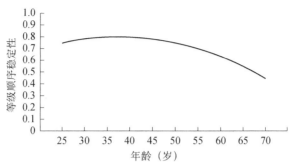

图 7-1　年龄对一般妒忌的稳定性影响（Erz & Rentzsch，2024）

知识窗 7-1

特质-状态-情境模型

特质-状态-情境（TSO）模型是心理学中用于解释和测量人们表现出的某种性格倾向是受个体差异还是情境影响的一个理论框架，由 Cole 等（2005）提出。根据这个模型，个体的行为表现可以被分解为三个主要部分：特质因子、状态因子和情境因子。

特质因子代表跨时间稳定的个体差异。这些差异是由个体的基因、性格、习惯等因素决定的，并且在不同的时间和情境下保持一致。例如，一个人的外向性格就是一个特质因子，这个因子几乎在各个不同的社交场合中都会表现出来，具有相对稳定性。

状态因子可被视为衡量个体在特定时间点所经历的实际感受或所处条件变化的一个综合指标。以一位平日总是充满活力、情绪高昂的小伙子为例，倘若某天他不幸得了重感冒，导致他失去了往日的朝气与活力，这种转变正体现了其当时状态的明显变化。因此，我们可以将这种由内在健康状态或外在环境引起的个人状态转变称为状态因子的具体体现。

情境因子代表变化情境特异性效应，如特定事件或短暂的情境。例如，当一个人参加一个热闹的派对时，他可能会感到兴奋和愉悦。派对的气氛就是一个情境因子，会对个体的情绪和行为产生影响。

下面我们以一个具体的例子来说明这个模型的含义。假设有一个人名叫李先生，他是一个内向的人（特质因子），不太善于与陌生人交流。有一天，他参加了一个朋友的婚礼（情境因子），这个场合充满了欢声笑语和热烈的气氛。在这种情况下，李先生可能会感到有些不自在和紧张，但他也很想享受这个喜庆的时刻。因此，他努力克服自己的内向性格，主动与一些朋友和陌生人交流，表现得比平时更加外向和友善。他在宴席上邂逅了一位老朋友。印象里，她向来幽默活泼，妙语连珠，可今天她却神情萎靡，不善言辞。交流后他才得知，原来她最近为了事业日夜操劳，连轴转的忙碌让她倍感疲惫，状态大不如往常（状态因子）。

这个例子展示了 TSO 模型的三个方面。首先，李先生的内向性格是一个特质因子，这是他跨时间稳定的个体差异。其次，婚礼的气氛是一个情境因子，它对这个场合中的人的行为产生影响。最后，李先生在这个特定场合中的表现也是一个情境因子，它受到了婚礼气氛的影响，但也反映了李先生自身的性格特点和努力。因此，这个例子展示了 TSO 模型中特质因子和情境因子之间的相互作用。

从整体来看，年龄与妒忌存在着显著的负相关关系（Erz & Rentzsch，2024；Henniger & Harris，2015；Mujcic & Oswald，2018）。在 Erz 和 Rentzsch（2024）长达六年的纵向研究中，他们发现与年轻被试相比，老年被试在研究最初就表现出了更低水平的初始特质妒忌。社会学学者 Mujcic 和 Oswald（2018）也发现了一致的结果（图 7-2），但该研究为横断研究，因此可能存在同辈效应。Charles 和 Carstensen（2007）的纵向研究也发现了妒忌水平随年龄增长而下降的趋势。这可能是由于老年人的社会比较倾向和频率比青少年及中年人低，而情绪调节能力相对较高。这一发现也支持了积极老龄化的观点，即老龄化的过程不一定充满痛苦和悲伤。

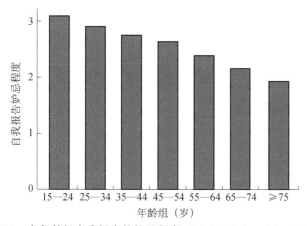

图 7-2　各年龄组自我报告的妒忌程度（Mujcic & Oswald，2018）

注：自我报告的妒忌程度从 1（最低）到 7（最高）不等。自我报告妒忌的样本均值为 2.66，标准差为 1.42

三、妒忌和幸福感之间的关系随年龄发展的变化

除了对妒忌本身随年龄发展的变化进行研究外，研究者还探讨了妒忌和幸福

感之间的关系随年龄增长的变化（Mujcic & Oswald，2018；Ng et al.，2019）。Ng 等（2019）研究了青少年时期和成年早期妒忌与幸福感的关系有何差异，发现成年早期两者的相关程度要大于青少年时期，自尊在其中起调节作用。对于自尊程度较高的人而言，妒忌和幸福感的相关程度要更高。而自尊的形成和身份认同的发展关系密切。形成身份认同是青春期的一个重要发展任务，该阶段可能从青春期延续到成年早期（大约为 18—25 岁）（Arnett，2000）。而身份认同形成后的年轻人比青少年的自尊水平更高，他们的妒忌水平和幸福感呈现出更强的相关关系（Erol & Orth，2011）。之前的研究表明，幸福感和年龄之间的关系呈 U 形曲线（Stone et al.，2010；Graham & Ruiz Pozuelo，2017），研究者猜想妒忌可能会影响这一曲线关系。然而 Mujcic 和 Oswald（2018）的研究结果否定了这一假设，如图 7-3 所示，无论是否控制妒忌变量，幸福感（该研究中采用的是"生活满意度"这一指标）和年龄的 U 形曲线关系没有太大改变。有研究者认为，成年早期的妒忌程度高于青少年时期，这种妒忌程度的提高降低了个体的幸福感（Ng et al.，2021）。而 Mujcic 和 Oswald（2018）的研究则认为，妒忌对年龄与幸福感之间关系的影响并不大。此外，该研究还表明，妒忌不能够预测个体未来成功与否。

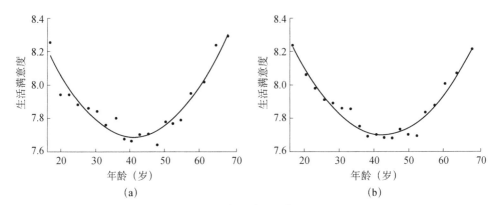

图 7-3　生活满意度与年龄呈 U 形曲线关系的纵向证据（Mujcic & Oswald，2018）

注：（a）是指控制了妒忌变量；（b）是指未控制妒忌变量

第二节　领域特定妒忌的发育轨迹

研究者观察到，随着年龄的增长，人们在不同领域的妒忌程度的变化趋势不尽相同。这里，我们主要介绍 Erz 和 Rentzsch（2024）的纵向研究结果，以及 Henniger 和 Harris（2015）的横断研究结果。

一、纵向研究

上文我们提到了 Erz 和 Rentzsch（2024）为期六年的纵向研究。该研究除了发现年龄与妒忌之间存在负相关关系外，还探讨了一般妒忌与领域特定妒忌（吸引力妒忌、能力妒忌和财富妒忌）随年龄增长的变化趋势。他们发现在初始水平，年龄与一般妒忌的相关系数为−0.33，年龄与吸引力妒忌的相关系数也为−0.33，年龄与能力妒忌的相关系数为−0.27，年龄与财富妒忌的相关系数为−0.20。总体来说，随着年龄的增长，妒忌程度是有所下降的，其中吸引力妒忌的下降速度最快，能力妒忌的下降速度次之，最后是财富妒忌，且财富妒忌的稳定性随年龄增长呈现出先升高后降低的非线性变化趋势。

我们试着对其中的原因进行分析：随着年龄的增长，人们可能更加关注自己的内心成长，而不再仅仅关注外在的吸引力、能力和财富。具体到每个维度而言，吸引力妒忌下降速度最快可能是因为，人们逐渐意识到随着岁月的雕琢，再美的容颜也会衰老。按照埃里克森提出的心理发展阶段理论，18—30 岁时，人们的主要任务是寻找亲密关系来对抗孤独感。而吸引力是这个年龄阶段的人们在寻找亲密关系时更加关注的领域。随着年龄的增长，"亲密−孤独"已经不再是重点关注的领域，而且多数人的亲密关系已经趋于固定，这也解释了吸引力妒忌为何随年龄增长而降低。能力妒忌的降低可能是因为，年轻人刚步入社会容易对未来感到迷茫和焦虑，随着年龄的增长，中年人及老年人的职业生涯已经趋于稳固，也逐渐悦纳了自己的能力，因此能力领域的妒忌随着年龄增长而降低。而于财富领域而言，在大多数文化中，财富和物质成功仍然是衡量个人价值的重要标准，因此，即使年龄增长，人们对财富的渴望和妒忌仍然保持在一个相对较高的水平。尽管如此，相比于年轻时期而言，老年时期的人们更容易悦纳自我的财富水平，并将注意力更多地转向内在世界。因此，财富妒忌也随着年龄增长而降低。

此外，研究者还试图用二次函数来拟合年龄与妒忌程度的关系，发现只有能力妒忌与年龄之间存在二次函数关系。能力妒忌下降幅度最大的阶段是在中年时期（大约在 50 岁），而青年人和老年人的能力妒忌下降幅度相对较小，甚至有所提高。这可能是因为，青年人面临着更大的学业和就业挑战，如高中及大学阶段的学业压力、就业初期的职业选择与适应等，而老年人则需要面对年龄增长带来的认知障碍（Deary et al., 2009）。

虽然整体而言，各领域的妒忌程度均随着年龄增长呈现下降趋势，但上述研究发现，无论是一般妒忌还是领域特定妒忌，都具有一定的稳定性，这更加支持了"妒忌是一种较为稳定的特质"的观点。

二、横断研究

除了纵向研究外，也有学者使用横断研究来考察妒忌在特定领域与年龄之间的关系。Henniger 和 Harris（2015）采用了横断研究的方式，考察了人们在学业、社交、外貌、婚恋、金钱、能力、运气、其他这 8 个领域的妒忌程度随年龄增长的变化。研究共招募了 925 名被试，其中有 401 名男性，524 名女性，年龄在 18—78 岁。结果如图 7-4 所示，整体来看，人们对学业成功、社交影响力、外貌吸引力、浪漫爱情的妒忌程度随着年龄增长而降低，对金钱的妒忌程度则随着年龄增长而提高。而在另一些领域（如好运气、更好的生活），妒忌程度在整个生命周期中都是较为稳定的。具体来讲，更多的年轻人报告在学业、社会、外貌和婚恋等方面存在妒忌情绪，但随着年龄的增长，这些领域不再是妒忌情绪的主要来源。比如，40%的 30 岁以下的被试妒忌别人的浪漫爱情，但对于 50 岁及以上的被试而言，仅有不到 15%的被试表达了对浪漫爱情的妒忌。研究者猜想，这可能与各年龄组的婚恋状况有关：最年轻组只有 21%的人已婚，最年长组有63%的人已婚。而对经济富裕和职业生涯成功的妒忌在所有年龄组中都很常见，并且对职业生涯成功的妒忌与年龄之间的关系更倾向于呈倒 U 形曲线：在 18—29 岁的人群中，22%的人报告了对他人职业生涯成功的妒忌；在 40—49 岁的人群中，这一比例上升到 43%；而在 50 多岁的人群中，这一比例又回落到 36%。这些变化可能表明，事业成功在整个成年期都很重要，而其重要性在中年达到顶峰，然后随着人们退休或计划退休而下降。当然，这种差异也可能是由同辈效应造成的，因为职业成功的重要性可能在几代人之间发生了变化。而对于"好运气"和"其他"这两个领域，妒忌在任何年龄阶段的水平相近（即无关年龄），也是不同年龄阶段的人都会在意的，因此这两个领域的妒忌程度在各个年龄段保持相对稳定。

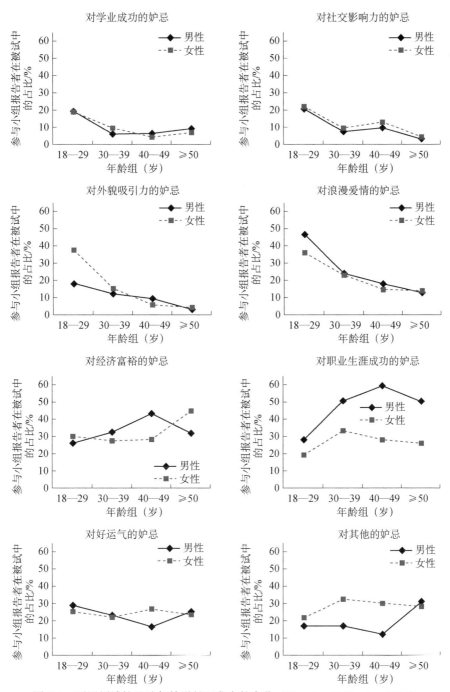

图 7-4　不同领域妒忌随年龄增长而发生的变化（Henniger & Harris，2015）

第三节　妒忌对象的发育轨迹

以往研究揭示了一个有趣的现象：人们倾向于妒忌与自己性别相同的人，这种倾向在整个生命周期中都是一致的，无论是一般妒忌还是领域特定妒忌，人们都更倾向于妒忌与自己性别相同的人（Henniger & Harris，2015）。那么，我们通常会妒忌哪个年龄段的人呢？或者说，哪个年龄段的人会妒忌我们呢？一种观点认为，老年人可能会妒忌年轻人所拥有的更大的潜力，或者他们将年轻时的自己与当前的年轻人进行比较，就像经典童话《白雪公主》中的情节，邪恶的继母妒忌年轻继女的美貌。然而，老年人在许多领域，如建立稳定的人际关系或取得职业成功等，积累了很多令人妒忌的成就。因此，当年轻人开始步入成年，努力打造自己的事业和家庭时，他们可能会妒忌那些已经取得成功的老年人。那么，究竟是年轻人更妒忌老年人，还是老年人更妒忌年轻人呢？

为了验证这个问题，Henniger 和 Harris（2015）进行了一项广泛的研究，涵盖了 18—78 岁的成年人群体（图 7-5 至图 7-6）。结果发现，在人生的各个阶段，人们最倾向于妒忌与自己年龄相仿的人。有 74.1% 的男性和 69.7% 的女性更容易妒忌与自己年龄相差在 5 岁以内的人，也更容易被与自己年龄相差在 5 岁以内的人妒忌。而老年人似乎比年轻人更有可能妒忌比自己小 5 岁以上的人，即老年阶段比其他年龄阶段的人更容易妒忌比自己小的人。但综合来看，所有年龄段的人仍然最常将妒忌指向与自己年龄相仿的人，即使在年龄最大的年龄组中，超过半数（52%）50 岁及以上的人也会妒忌比自己年龄小 5 岁以内的人。

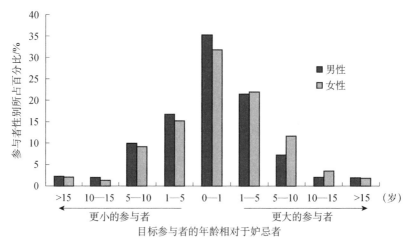

图 7-5　不同性别视角下妒忌者和被妒忌者的相对年龄分布占比（Henniger & Harris，2015）

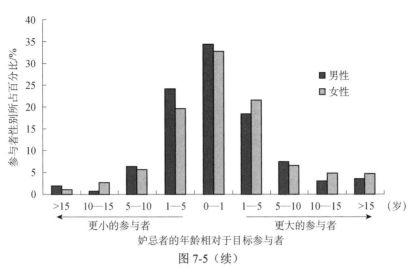

图 7-5（续）

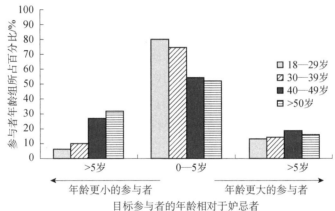

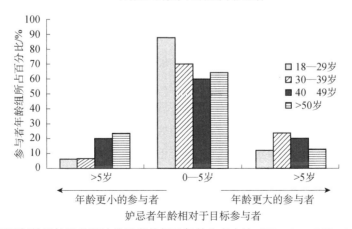

图 7-6　不同年龄组妒忌者和被妒忌者的相对年龄分布占比（Henniger & Harris，2015）

第四节　妒忌发展的特点及原因

通过本章前几节的内容，我们不难看出妒忌随年龄增长的变化呈现出三个特点：①整体而言，妒忌程度随年龄增长有下降趋势。②虽然妒忌随年龄增长呈下降趋势，但具有相对稳定性。③不同领域的妒忌随年龄增长的变化趋势和幅度并不相同，生命历程中发生的重要事件也影响着个体的妒忌程度。接下来，我们将一一介绍这些特点形成的可能原因。

一、年龄与妒忌的交织

对于第一点，我们可以找出许多解释妒忌程度随年龄增长而下降的原因：①心智的成熟。随着年龄的增长，人们经历了更多的生活事件和挑战，这些经历促进了个体心智的成熟。他们更能够理解他人的成功，而不是将其视为对自己的威胁。②生活重心的转移。年轻时，人们可能更加关注自我在他人眼中的形象，并与同龄人进行比较。然而，随着年龄的增长，人们的生活重心可能转移到家庭、身心健康和个人成长上。这种转移使得他们不再那么关注自己和他人之间的差距，因此降低了妒忌发生的可能性。③自我了解与悦纳。随着心理的成熟和阅历的增加，个体也越发了解自己独特的优势，能够悦纳自己在某些领域的不足。这些因素都促使着人们整体的妒忌水平随着年龄增长呈现下降的趋势。

二、妒忌的恒常与变数

虽然妒忌随年龄增长呈现下降趋势，但妒忌在整个生命周期中还是具有相对稳定性的，可从三个方面进行解释。第一，遗传因素和后天环境中较为稳定的那一部分均有助于妒忌的稳定性。遗传和环境分别对应先天与后天因素，两者可能会对一个人的妒忌水平产生交互影响。例如，一个本身在财富领域更容易表现出妒忌的人可能会决定从事金融行业，而在这个行业中，他们关于财富的社会比较倾向得到了加强，从而进一步巩固了他们的妒忌特质。第二，经典的设定点理论（set-point theory）也给出了相关解释：一个人的某种特质水平会围绕一个较为稳定的点波动（Ormel et al., 2017）。虽然日常生活中会发生各种各样的事件，我们的言行举止也会随着不同的体验而发生变化，但特质水平最终还是会返回到这个较为稳定的点上。这在一定程度上可以解释为什么特质妒忌的平均水平在一段时间内不会改变，同时又会出现暂时性的变化（在特定情境和事件中表现出偏差）。第三，情绪领域关于个人偏见的研究也试图解释为何妒忌水平在人的一生中较为稳定（Scherer，2021）。Erz 和 Rentzsch（2024）据此提出猜想：对生活事件较为稳定的个人偏见（例如，将"向上比较"解释为"威胁"的倾向）可能有助于特质性妒忌在一段时间内长期存在并保持稳定性。请注意，虽然特质妒忌具有稳定性，或者说随着年龄增长有些许降低，但这并不意味着我们就只能任凭妒忌心的摆布，我们可以参见第八章的内容来了解缓解妒忌的方法。

三、生活转折与妒忌的共鸣

妒忌可能会随着生活事件的变化而变化，有两个原因可以解释。第一，妒忌是向上比较的结果，能够提升个体地位的积极事件（如升职）可能会促使妒忌的减少，而与个人地位下降相关的事件（如失业）可能会导致领域特定妒忌的增加（Erz & Rentzsch，2024）。第二，个体对特定领域的深入关注往往会加剧个体在该领域的妒忌心理。例如，由于当前职业竞争更为激烈，个人对职业发展的关注更为迫切，因此职业妒忌相较于之前可能会更为明显。相反，随着对某个领域关注的撤离或兴趣的转变，个体对该领域的妒忌程度会相应降低。此外，影响特定比较领域的生活事件可能会导致领域特定妒忌的变化。例如，加薪可能会使个体在财富方面的妒忌减少，但可能不会直接减少其他领域的妒忌。

第八章

妒忌的应用与干预

　　节义之人济以和衷，才不启忿争之路；功名之士承以谦德，方不开嫉妒之门。

——《菜根谭》

妒忌与我们的日常生活及社会环境息息相关。前文已多次提到妒忌具备"双刃剑"的性质，人们应当善用妒忌情绪带来的积极影响，同时规避其可能带来的负面影响。接下来，本章将探讨妒忌的实际应用及其干预方法。

第一节　妒忌的应用

在日常生活的各个领域中，那些可以使人们感受到某种驱力的妒忌是可以被利用的。比如，"见贤思齐焉"描述的是一种看到他人优秀自己也想付出努力变得同样优秀的驱力；"人无我有，人有我优"描述的则是人与人之间互相攀比的驱力，而这种驱力也容易被商家利用以刺激消费；"不患寡而患不均"描述的是妒忌对促进社会公平公正的作用。可见，无论是提升自我，还是助力经济发展，抑或维护社会公正，妒忌的应用都不容小觑。接下来，本节将从管理学、消费心理学、社交媒体三方面论述妒忌的具体应用。

一、管理学上的应用

在管理学中，妒忌情绪的处理对于工作场所的和谐与效率至关重要。妒忌的存在不仅涉及相关利益和机会的分配，还可能会使个体主动质疑自我价值（Harris & Darby，2010）。例如，当员工发现上司突然偏爱其他下属时，其可能会陷入"我是不是一个有价值的员工"的自我怀疑；同样，主管若察觉到助理更倾向于与其他主管合作，也会反复思考"我是不是一个糟糕的经理"。这种由妒忌引发的价值质疑，往往会动摇个体的自尊根基，并冲击其在职场中构建的职业认同。

首先，管理者需要识别和区分员工产生的是善意妒忌还是恶意妒忌，并采取相应的策略。善意妒忌可以激励员工通过提升自己的能力来达到与他人相同的水平，而恶意妒忌则可能导致占有欲增强或出现破坏行为。管理者应该利用集体内部的良性竞争和善意妒忌来增加集体产出，同时减少恶意妒忌，以增强团队凝聚力。例如，对于追求晋升的善意妒忌员工，管理者可能需要为其提供发展和提升自我的机会；而对于持有恶意妒忌情绪的员工，管理者则可以通过增强团队合作、改善沟通和提供支持等方式来缓解他们的不安感。如果管理者只解决了善意妒忌的问题，而忽视了恶意妒忌的存在，那么问题可能会持续存在，甚至可能恶化，从而影响整个团队的和谐和效率。因此，管理者需要全面理解员工的情绪状态，并采取相应的措施来解决这些问题。

其次，管理者也需意识到，如果组织文化鼓励高度的孤立责任（siloed accountability），即每个员工或团队只对自己的工作成果负责，而不过多关注其他部门或团队的工作，这种文化可能会导致内部竞争，从而可能会加剧妒忌情绪。当妒忌情绪极端化时，这可能会导致占有欲增强或出现蓄意破坏行为（Swami et al.，2012）。例如，在一家制造企业中，生产部门和质量控制部门各自负责不同的任务。生产部门追求高产量，而质量控制部门追求高标准的产品质量。当生产部门为了追求产量而牺牲了产品质量时，质量控制部门的员工可能会感到妒忌，因为他们认为自己的努力没有得到应有的认可。这种情绪可能导致他们在产品检测过程中故意设置更高的标准，以降低生产速度，从而影响生产部门的业绩。

为了避免这种情况，管理者可以实施共同责任和共同奖励制度，以促进团队合作。这种制度支持员工从整体视角出发看待工作（Springer et al.，2006），有助于员工之间培养高质量的关系，尤其是当工作被明确衡量并被纳入奖励系统时（Gittell & Douglass，2012）。这样做将减少过度竞争的工作环境的负面影响，如降低占有欲和妒忌程度。此外，管理者应在组织内部教授和实践积极的解决冲突的技巧。

再次，管理者需要意识到妒忌的复杂性及其对员工行为和组织感知的潜在影响。妒忌能显著影响员工对组织的态度和行为，如工作满意度、敬业度和离职意向。此外，妒忌还可能导致一些不当行为，如滥用监督权力（Li et al.，2023）。Li 等（2023）的元分析研究表明，职场中的妒忌与员工的性别、年龄、任期和教育程度无显著相关，但与消极情感呈显著正相关，与自我评价和自尊呈显著负相关；组织内部的竞争性与职场妒忌呈显著正相关。当员工处于一种高度竞争的环境中时，他们可能会更加频繁地进行社会比较，从而提高了妒忌情绪产生的可能性。Demirtas 等（2017）的研究表明，领导者的道德感有利于降低员工的妒忌水平。因此，管理者需要明确可能影响员工产生妒忌情绪的因素，及时采取积极措施来减轻其对员工和组织的潜在危害。

最后，管理者需要认识到透明度和公平性在减少妒忌情绪方面的重要性。透明度不仅能够增强员工对组织决策的信任，还能够减少不必要的猜疑和误解。在某些国家，税务机关通过透明化策略来提升税收制度的执行效率，这种策略巧妙地利用了公众的妒忌心理。例如，瑞典实施了一项高度透明化的税务政策，允许公民公开查阅他人的纳税申报表。①这种做法不仅增强了人们对税收系统的公平性感知，还促进了他们之间的相互监督。当人们发现有人通过不正当手段减少了纳税额时，他们可能会感到不公平，这种情绪可能转化为个体举报这一不公平现象的动力。这种基于妒忌的举报行为，实际上有助于税务机关发现和打击逃税行为，从而提高税收系统的整体效率。同样，在公司环境中，当员工感到他们的努力和成就被公正地认可和奖励时，他们更有可能保持积极的工作态度和高效的工作表现。相反，如果员工感觉到晋升、奖励或资源分配不公，可能会滋生妒忌和不满情绪。因此，管理者可以通过提高决策透明度、创建公平环境以及鼓励员工开放沟通等方法，减少妒忌情绪对员工的负面影响。

综上所述，管理者可以深入了解不同员工的妒忌情绪，并基于此优化管理策略。具体来说，管理者可以积极利用妒忌情绪可能带来的积极效应，如激励员工之间健康竞争，同时采取措施减少由妒忌引发的负面后果，如职场冲突或团队士气下降。通过创造一个公平和透明的工作环境，鼓励基于绩效的奖励制度，以及提供有效的沟通渠道来解决员工间的妒忌问题，管理者能够最大限度地发挥妒忌情绪的正面作用，同时规避其潜在的不利影响。

二、消费心理学上的应用

正如齐格蒙特·鲍曼在《工作、消费主义和新穷人》（*Work, Consumerism and the New Poor*）一书中提到的，消费者社会试图把人塑造成有着无尽欲望的、永不知满足的消费者（Bauman，2004）。而广告文案利用妒忌情绪刺激着人们的消费欲望。妒忌在消费心理学上的应用主要体现在以下四个方面：妒忌对品牌效应的影响、不同妒忌类型对购买意图的影响、不同消费类型对妒忌的影响、妒忌溢价。

（一）妒忌对品牌效应的影响

近年来，聘请明星为自己代言成为公司品牌战略的重要因素。那么，代言人一定会为品牌营销带来正面影响吗？研究表明，消费者对代言人的善意妒忌和恶意妒忌均会影响品牌选择。总体而言，对代言人的善意妒忌使消费者更倾向于购买该品牌的产品，而对代言人的恶意妒忌则使得消费者倾向于购买其他品牌的产

---

① 多国反腐利器：瑞典官员财产申报制度实施 240 年. https://www.chinanews.com.cn/gj/news/2009/09-23/1881287.shtml.（2009-09-23）.

品（Feng et al.，2021）。

　　哪些因素会影响消费者对代言人的妒忌性质呢？首先，Wang 等（2024）的研究表明，购买者与代言人之间的相似性越高，他们对代言人的善意妒忌和恶意妒忌均越大，即相似性越高，越容易产生这两种类型的妒忌。其次，代表性也与善意妒忌和恶意妒忌呈正相关。代表性是指产品基于视觉元素向消费者和公众传达的关于消费者自我形象的信息（Homburg et al.，2015）。代言人不仅要具有一定的公众影响力，还要符合消费者渴望树立的自我形象。代言人的形象如果与消费者渴望的自我形象相吻合，可能会激发消费者的购买欲望，因为消费者可能会通过购买产品或服务来模仿或接近这种理想形象。再次，可信度也影响着恶意妒忌和善意妒忌。在选择品牌形象代言人时，确实需要注意考察所选人物的口碑和声誉，因为这直接关系到品牌形象和消费者对品牌的信任度。最后，代言人的优势应得性与恶意妒忌呈负相关，而与善意妒忌没有相关关系。如果消费者认为代言人的优势并非应得，或者是基于不公正的手段获得的，那么恶意妒忌的情绪可能会增加，从而不利于品牌营销。综合来看，企业在选择代言人时，应该考虑选择那些在价值观、年龄、生活方式等方面与目标消费者群体相似的明星，并应注重明星在大众群体中的口碑和信誉。

（二）不同妒忌类型对购买意图的影响

　　当你看到同事炫耀新买的手机时，你会想要入手同款，还是决定追求更高端、更具魅力的款式呢？Lin（2018）研究了恶意妒忌和善意妒忌如何影响人们的购买欲望。在实验中，被试需要回忆他们上一次在浏览社交媒体时，因为看到他人分享的消费动态而感到妒忌的经历，并且阅读一篇讲述朋友购买 MacBook 的帖子。随后，测量被试的善意妒忌和恶意妒忌程度，以及他们的购买意愿，即询问他们更倾向于购买与朋友同等级的产品，还是想买更高级别的产品。结果表明，感受到善意妒忌的被试倾向于购买与朋友同等级的产品，而感受到恶意妒忌的被试则倾向于购买更高级别的产品。

（三）不同消费类型对妒忌的影响

　　体验式消费和物质消费是两种不同的消费模式，反映了消费者在消费时不同的价值取向与行为动机。体验式消费以"实践导向"为特征，其本质在于通过购买服务创造独特的生活体验，这可能包括旅行度假、艺术鉴赏、美食探索等。这类消费的核心在于"去做"，即追求经历和体验本身带来的价值。相较而言，物质消费则呈现"占有导向"特质，聚焦于获取有形的物质商品，如衣服、电子产品、家居用品等，其核心在于"拥有"，即消费者通过拥有这些物品来获得满足感（van Boven & Gilovich，2003）。两者的区别不仅体现在消费者的购买动机上，还体现在消费后的心理体验上。体验式消费往往与个人的身份认同更为紧密，因为它们是个人生活经历的一部分，能够为个体提供更多的幸福感，而且随着时间的推移，这些体验往往会变得更加美好。此外，体验式消费更具有社交价值，消费者在回溯体验故事时，既能在社交互动中引发情感共鸣，又能通过叙事重构强化自我认同。

Lin 等（2018）的研究发现，体验式消费比物质消费更容易引发妒忌。这是因为体验式消费比物质消费具有更高的自我相关性。换句话说，当人们在社交媒体上看到他人的体验式消费时，他们更容易将这些体验与自己的生活联系起来，从而产生更强的妒忌感。此外，该研究还显示，人们在社交媒体上分享体验式消费的频率远高于物质消费。那么，为什么体验式消费更容易引起妒忌，而人们却更倾向于分享体验式消费的内容呢？原来，人们通常误以为物质消费更容易引发妒忌，因此选择减少对物质消费的炫耀，转而分享体验式消费的内容。这种认知偏差可能导致人们在社交媒体上更多地分享体验式消费，而不是物质消费。此外，分享体验式消费可能被视为一种更积极的行为，因为它能够增强社交联系，提升个人形象，并且能够激发他人对美好生活的向往。然而，这种分享行为也可能在无意中增加了他人的羡慕和妒忌。

（四）妒忌溢价

我们先来了解一下"溢价"的概念。溢价指的是实际支付金额超过商品本来的价值或面值。例如，在一些旅游景点，一瓶矿泉水可能要花费 8 元，而在社区商店可能只需花费 2 元，超出的 6 元就是溢价。再如，演唱会门票一票难求，有人愿意支付远高于票面价格的金额购买黄牛票。那么，妒忌溢价是什么呢？van de Ven 等（2011）的研究指出，如果人们感到善意妒忌，他们倾向于为被妒忌者所拥有的产品支付更高的价格，这被称为"妒忌溢价"。感知到善意妒忌的人们相信，通过获取他人所妒忌的产品可以提升自己的社会地位，达到与被妒忌者相同的水平，以此来消除因物质上不如他人而产生的"挫败感"。此外，拥有这些产品还能帮助他们建立"身份标识"，从而在社会中区分自己。而如果感知到的是恶意妒忌，人们可能更倾向于为该产品的竞品支付更高的价格。因此，企业在制定营销策略时需要注意在引发消费者善意妒忌的同时，应尽量避免恶意妒忌的产生。

同时，van de Ven 等（2011）的研究还指出，容易引起妒忌溢价的商品类型有以下几种。首先，奢侈品比必需品更容易引发炫耀性消费。这是因为奢侈品价格高昂，通常只有少数人拥有，而有些人想通过这种稀缺性来标识自身身份。其次，引起妒忌的产品应能够被他人看到或听到，不被注意的商品很难引发妒忌。理想情况下，引起妒忌的产品应具备以下几种特点：①可以被他人注意到（可见性）；②并非所有人都能拥有（稀缺性）；③不是日常必需品（无用性）；④具有一定的神秘感（神秘性）。这些特点给产品设计者带来了启示：首先，从可见性来看，独特的产品设计或具有品牌效应的品牌标志有助于增加产品被妒忌的可能性。其次，从稀缺性来看，制造更昂贵的产品会增加其稀缺性，进而提高引发妒忌的可能性。因此，提高奢侈品的价格不仅可以带来更高的利润率，还能在一定程度上促进销售量的增加。此外，通过"限量发行"和"绝版"等方式也能制造稀缺性。如果产品变得过于普遍，其妒忌吸引力将下降。除了物质消费存在妒忌溢价现象以外，体验式消费也可能存在妒忌溢价的情况。例如，一些应用程序和网站会强调会员特有的功能和待遇，这可能引发普通用户的妒忌，从而促使他们购买会员。再次，从无用性来看，产品设计者通过刻意剥离实用主义价值，增加非功能性元素，将产品转化为一种阶层密码，提成其可炫耀价值。例如，戴森在吹风机手柄中嵌入施华洛世奇水晶，这一设计并非为了提升使用功能，而是将家电转化为一种财富信号，满足消费者展示身份的需求。最后，神秘性也是产品设计中不可忽视的一环。产品若具有不为人知的特点或功能，便能够激发消费者的好奇心和探索欲。例如，Supreme 每周四突袭式发售的"盲盒"机制，通过制造信息断层，增加其流动性溢价。某些限量版商品的特殊设计或背后的故事，只有少数人了解，这种神秘感会不仅增强了产品的吸引力，还促使更多人想要拥有它，进而引发妒忌。

总之，善意妒忌有助于增强消费者的购买意愿，而恶意妒忌可能导致消费者转向购买其他品牌。消费类型和商品类型对引发妒忌及妒忌溢价有一定影响，企业在制定营销策略时应谨慎运用这一心理机制。同时，消费者应理性消费，避免因妒忌而做出不理智的购买决策，导致不必要的经济负担或浪费。

三、社交媒体上的应用

社交媒体不仅方便了个体的沟通交流，还为个体提供了展示自我的平台。在这个平台上，个体可以自主选择展示给他人的照片，塑造自己想要呈现的形象。然而，由于互联网的虚拟性，这种自我呈现往往存在一定程度的虚假和夸大，使得个体在社交媒体上的形象可能与真实情况有较大差异。此外，个体在社交媒体上的好友通常与其在年龄、性别、价值观等方面具有相似性。精心营造的"完美形象"（尽管可能是虚假营造的）和人口学相似性常常会引发个体的妒忌情绪。总而言之，社交媒体构建了一个大型的向上比较平台，使人们容易对他人产生妒忌。

Krasnova 等（2013）的研究指出，人们被动地目睹社交媒体上他人的优越表现，会提高妒忌程度，从而降低生活满意度。之后的研究者尝试从更细化的角度分析影响社交媒体妒忌的因素。

（一）使用方式对社交媒体妒忌的影响

使用满足理论（uses and gratifications theory）认为，人们选择某种媒体的原因通常是该媒体能满足他们的某种需求（Katz et al.，1974）。Dholakia 等（2004）首次将使用满足理论应用于虚拟社区研究，发现社交媒体为使用者提供了五种核心价值：第一种是工具价值，即从预先确定的工具目的中获得的价值。比如，微信最基本的工具价值是收发消息，而各类音乐软件最基本的工具价值是听音乐。第二种价值是自我发现的价值，社交媒体为人们提供了自我发现的价值，可以让人们更好地了解自身。比如，每到年终，很多网站热衷于发布用户个人的年终总结。通过这些个性化的年终总结，用户得以更加了解自身，从而满足自我发现的需要。第三种是社交价值，社交媒体为人们提供了社交价值，能够满足人们与他人建立和维持关系的需要。第四种是社会提升的价值，用户有在社交媒体上获得他人认可的需要。比如，大部分的社交媒体软件有"点赞"的按钮，用户可以通过他人对自己的"赞"来获得被认同的感觉。第五种是娱乐价值，用户可以利用社交媒体来娱乐和放松。Dholakia 等（2004）发现，在不同规模的社交媒体中，用户所需的核心价值存在差异。大型网络（如新闻网站、邮箱网站等）的工具价值比小型网络更重要，因为在大型网络中，个体的主要使用目的往往是满足工具需求（如收发邮件、浏览新闻等），而在小型网络中，社交价值和娱乐价值更为重要。另外，有研究者发现，社交媒体的常见用途包括维持关系、打发时间、娱乐、寻求陪伴（Ryan et al.，2014）。然而，上述研究是在群体层面进行的。事实上，不同个体在使用社交媒体时，其核心需求的侧重点可能各不相同。因此，我们可以猜想，不同的社交媒体使用方式对妒忌的影响可能有所不同。接下来，我们将重点介绍不同的社交媒体使用方式对妒忌的影响。

个体使用社交媒体的方式可以分为被动使用和主动使用两种。被动使用包括浏览新闻提要、浏览动态等活动（Krasnova et al.，2013）。主动使用则包括发布内容、分享想法或感受、对朋友发布的内容做出反应或评论等（Koroleva et al.，2011）。现有研究对不同使用方式给人们带来的影响的看法尚未达成一致。

大多数学者认为，与主动使用社交媒体相比，被动浏览社交媒体对身心健康的影响更为负面，主要体现在以下两点：其一，被动使用社交媒体的人比积极使用的人更容易产生妒忌感（Krasnova et al.，2013）。其二，被动浏览社交媒体上好友动态的人可能比积极使用的人更频繁地查看该网站，因此更容易上瘾（Ryan et al.，2014）。然而，也有学者提出了相反的意见。媒体效应理论（media effects theory）从概念上否定了被动使用社交媒体的可能，认为接收者对其选择、处理和解释媒体信息的方式具有自主权（Valkenburg & Oliver，2019）。两项研究发现，仅有少部分人体验到被动使用社交媒体的负面影响（Beyens et al.，2020，2024）。还有学者认为，被动使用社交媒体是否会对个体造成负面影响，主要取决于个体的性格、发展、社交和情境等因素（Valkenburg et al.，2022）。

除了主动使用和被动使用外，还有学者探讨了不同的使用目的对社交媒体妒忌的影响。Cheung 等（2011）将人们使用社交媒体的目标分为四种：信息导向、注意力导向、消磨时间导向、关系导向。下面对这四种目标一一进行介绍。

信息导向是指用户使用社交媒体的主要目的是了解他人的生活动态用户可能想要了解他人在做什么，或者了解他人的观点和经验（Dholakia et al.，2004）。很多时候，用户获得他人信息的方式是以被动的方式进行的。Wallace 等（2017）的研究表明，信息导向与社交媒体妒忌呈正相关。

注意力导向是指个体希望利用社交媒体从他人那里获得认可（Dholakia et al.，2004）。关于注意力导向的使用动机，有着两种看似相反的理论：社交增强（social enhancement）和社交补偿（social compensation）（Zywica & Danowski，2008）。前者用研究者的话来表达就是"rich get richer"，也就是说，线下本就很受欢迎的个体利用社交网络来进一步提升他们的受欢迎程度。后者即"poor get richer"，也就是说，线下社交体验较少或体验较差的个体运用社交网络来补偿他们的人际交往缺陷。使用社交媒体来寻求关注的行为，容易发生在需要依赖外部资源进行自我肯定的个体身上。持有这种使用动机的用户一般积极参与媒体社交，因为他们需要通过更新动态、发布照片等行为来吸引其他用户的注意。这种类型的行为往往会导致他人的妒忌，因为寻求关注的人需要显示出"我很好"。

当他们以某种方式"更好"地出现在他人面前时，这容易导致向上的社会比较和妒忌。寻求关注的用户本身也会因自己持有的动机而时刻关注自己发布的内容是否比他人更加优越，是否能够引起他人的关注，这更容易使他们高度关注其他用户更值得妒忌的地方，如社会地位、外貌、财富、感情等，他们更频繁地和他人进行比较，也更容易产生妒忌。

消磨时间导向是指用户在无聊时随意打开社交媒体浏览他人的动态。这种获取他人社交动态的方式是被动而不经意的。消磨时间导向与社交媒体妒忌呈正相关（Wallace，2007）。从表面上看，消磨时间与妒忌他人似乎没有直接的联系。然而，如果我们深入思考，可能会发现一些间接的关联。当一个人花费大量时间进行无意义的消遣活动时，这可能是因为他对自己的生活产生不满或感到焦虑。这种不满或焦虑可能会使他更容易对别人的成功或优势产生妒忌。另外，如果一个人长时间沉浸在无意义的消遣中，他可能会忽视自己的个人发展。当他发现自己陷入停滞不前的境地，而周围的人却在不断取得进步时，他的内心更容易被焦虑和妒忌所困扰。

关系导向在社交媒体的运用中，体现了用户通过这些平台与生活中至关重要的人物保持紧密联系的倾向。他们通过即时通信、浏览对方的个人动态等来掌握好友的最新动态和生活点滴。这种导向与信息导向截然不同，后者涉及的是用户在社交平台上与广泛人群的互动。相比之下，关系导向更强调与那些对个人具有特殊意义的人建立和维护深层次的联系。他们对这些生命中至关重要的人有着深刻的了解，因此用户更能敏锐地识别对方在社交媒体上分享的内容是否真实反映了他们的生活状态。这种熟悉度使得用户能够更准确地判断动态背后的情形，区分现实与社交媒体上可能存在的夸大或理想化表现。因此，他们不太可能进行向上的社会比较，因为他们可能知道：在光鲜亮丽的朋友圈背后还有一些没有在社交媒体上分享的负面信息。但也有学者持不同的观点，在 Wallace 等（2017）的研究中，关系导向与社交媒体妒忌之间不存在显著的相关关系。关系导向的社交媒体使用行为对妒忌的具体影响还有待进一步研究。

（二）用户人格对妒忌的影响

Wallace 等（2017）探索了用户的大五人格对妒忌的影响，结果表明，大五人格中的责任心、外倾性、宜人性均与社交媒体妒忌呈负相关，神经质与社交媒体妒忌呈正相关，而开放性与社交媒体妒忌没有相关关系。Valkenburg 等

（2021）的研究表明，个体被动使用社交媒体时的感受千差万别，那些更容易感知到妒忌的青少年会更加容易出现因为被动使用社交媒体而幸福感下降的现象。

（三）理想形象对妒忌的影响

社交媒体往往塑造出各种理想化的形象，导致人们容易将自身现实形象与这种理想形象进行比较，并因自身和理想形象之间的差距而感到妒忌。在各个领域，几乎都存在一个被大多数人认同的理想形象，但这种理想形象往往只是社会舆论的刻板印象。此外，社会舆论对不同性别角色也有着固定且刻板的期待。然而，这种刻板印象和期待可能并不符合每个人的实际情况，这种差距很有可能导致个体表现出不必要的压力和不满。例如，Kirkpatrick 和 Lee（2022）研究了社交媒体上塑造的"理想妈妈"对新手妈妈的影响，发现新手妈妈更倾向于与普通用户帖子中描述的母亲形象，而不是网红用户发布的母亲形象进行比较。但无论是网红用户还是普通用户发表的关于理想母亲形象的帖子，都会使新手妈妈出现更严重的妒忌和焦虑感。因此，面对社交媒体上精心塑造的理想形象，我们应培养批判性思维，审慎地评估社交媒体上所呈现内容的真实性。

（四）社交网络同质性对妒忌的影响

人们在社交媒体上选择关注的好友时会遵循同质性原则（homophily principle），即人们更倾向于选择与自己人口学特征相似、文化偏好相似的人作为社交媒体的好友。Noon 和 Meier（2019）发现，在同质化程度更高的网络社区中，个体会感受到更高的善意妒忌，并会因他人的优秀而激励自己。但在同质化程度较低的网络社区中，个体更容易感受到恶意妒忌。

综合考虑，社交媒体的使用习惯、动机、用户个性以及好友圈的相似性等因素均可能影响社交媒体妒忌的表现形式和强度。在使用社交媒体的过程中，我们应重视自身的心理健康，以理性的眼光审视社交媒体上的信息，认识到个体在这些平台上展示的形象往往并不代表其在现实生活中的真实面貌。此外，我们还需深入了解自己的需求和价值观，追寻真正符合个人期望的生活方式和幸福感。通过深入理解社交媒体妒忌背后的影响因素，我们能更全面地认识到社交媒体对心理健康和社交关系的潜在影响，并据此采取有效措施，以减轻其可能带来的负面效应。

第二节　妒忌的干预

正如我们最开始时所阐述的，妒忌具有两面性，它既是推动进步的动力，也可能成为破坏和谐的障碍。适度的妒忌可以让我们明确内心真正渴望的事物并增强为之努力的动力，也会促进经济的发展和社会的公正。但是如果妒忌情绪过于强烈，以至于影响到了自己正常的生活与社交，或者可能会对他人造成伤害，那么我们应当及时敲响警钟，对妒忌情绪进行干预。接下来，我们将探讨如何有效应对和缓解妒忌所引发的负面情绪及其潜在的负面影响。

一、需要干预的妒忌

根据 Heider（1982）的平衡理论，当个体感到妒忌时，他们可能会采取一些破坏性行为来试图恢复与被妒忌者之间的地位平衡。Smith 和 Kim（2007）的研究表明，个体在体验妒忌时会尝试减轻这种情绪，如果无法成功，长期的妒忌可能导致负面后果，如出现幸灾乐祸、攻击性行为甚至犯罪。Reh 等（2018）发现，员工对同事的妒忌和社会破坏行为不仅源于其对当前地位的威胁感（即感觉自己当前不如同事），而且当他们意识到自己过去的发展不如同事时，对未来地位的预期威胁（即担心未来可能不如同事）也会激发妒忌，促使员工对同事采取破坏性行为。妒忌情绪具有明显的外显攻击性，尤其是恶意妒忌者表现出最高的外显攻击性；而善意妒忌者虽未表现出明显的外显攻击性，但存在一定程度的内隐攻击性（李文超，2017）。此外，关于特质妒忌与攻击倾向之间关系的研究显示，特质恶意妒忌能够正向预测个体的攻击倾向，特别是在自我控制能力较低的情况下，特质恶意妒忌对个体攻击倾向的影响更为显著（杨晨，2020）。

此外，前文我们也讨论过，妒忌情绪是影响个体心理健康的一个不容忽视的因素，当妒忌成为个体长期的情绪负担时，它不仅可能会引发一系列心理健康问题，如焦虑、抑郁等，还可能对个体的日常生活和社会功能产生深远的影响。这种影响可能表现为学习效率的下降、工作表现的减退，以及人际关系稳定性的破坏等。考虑到妒忌可能具有的重大破坏性，接下来，我们将探讨针对由妒忌情绪发酵后所引发的非适应性行为或恶意妒忌的干预方法，以帮助个体和家庭减轻妒忌的负面影响，促进更健康的情感和社会关系的发展。

二、干预方法

（一）认知干预法

转变认知框架对提升情绪健康至关重要。情绪并非单纯由外界事件触发，而是深受我们对这些事件的个人解读和态度的影响。通过重塑思维模式，我们能够以更宽广的视角来面对挑战和逆境，有效降低负面情绪的影响。在处理妒忌情绪时，尤其可以通过优化我们对妒忌本质的理解来减轻其带来的负面影响，从而促进内心的平和与成长。下面将介绍五种对妒忌进行认知干预的要点。

第一，我们应当辩证地看待妒忌带来的影响。正如前文所提到的那样，妒忌不一定只会导致负面结果。例如，妒忌在一定程度上可以促进社会公平，并激励个人努力争取自己渴望的事物。因此，当妒忌情绪涌现时，我们应该深入探索它所传递的多重信息。妒忌可能揭示了我们内心深处的渴望，或者暴露了我们对某些成就的向往。通过这样的自我反思，我们可以将妒忌转化为一种积极的自我认识工具，进而激发我们追求个人目标和提升自我价值的动力。另外，这种辩证的认知方式有助于我们更全面地理解妒忌，并将其转化为促进个人发展和进步的积极力量。我们对妒忌情绪的理解有时会出现偏差，这些误解可能会让我们更加难以摆脱妒忌的困扰。表 8-1 列出了一些常见的关于妒忌的错误观念，并介绍了如何正确地看待它们。

表 8-1 对妒忌的认知调整

对妒忌的错误认知	改善方案
持久性：我的妒忌无法消散	你的妒忌情绪会产生，也会有消散的时候，正如其他的情绪一样，会来，也会走；正如你不可能永远保持快乐，也不可能永远保持悲伤
缺乏控制感：我无法控制自己的妒忌	你不必摆脱妒忌——只需要承认它。事实上，当你把注意力转移到其他事情上时，你的妒忌就会减少或消散。这种焦点的转移和妒忌情绪的减弱表明你有一定的控制权。每天留出 20 分钟的时间感受妒忌情绪，这也是在弥漫的妒忌情绪中夺取一些控制感
羞愧：我为自己感到妒忌而羞耻	"感到妒忌"与"因妒忌伤害他人"是两码事，你并未因为妒忌而伤害他人，而且，几乎每个人都会感受到妒忌情绪
异类感：我认为其他人都没有因为这件事感到妒忌，只有我一个人感到妒忌了	妒忌是普遍存在的，具有一定的隐蔽性。你之所以认为身边的人没有感到妒忌，可能仅仅是因为他们没有表现出来
缺乏自我理解：我怎么会产生妒忌这种情绪	你的妒忌是有原因的。你之所以感到妒忌，是因为你看重这个领域，而且你误以为别人的成功会削弱你的能力
给自己贴标签：我是一个善妒的人	你每天感受到的种种情绪远比妒忌复杂得多，妒忌仅仅是它们中的一种。你开心时，你会觉得此刻是开心的，但你不会觉得自己永远是一个"容易开心"的人。同样，当你感到妒忌时，你会觉得自己此刻是感到妒忌的，但你不会一直容易妒忌

续表

对妒忌的错误认知	改善方案
接纳度低：我无法接受自己的妒忌	接纳妒忌才是应对妒忌的第一步。几乎每个人都会感受到妒忌情绪。妒忌不一定完全是负面的，你也可以把它转化为一种提升自己的动力
羞于表达：我无法向他人表达自己的妒忌，他们可能会因我的妒忌感到害怕	如果你信任某位朋友，你可以选择向他倾诉自己的妒忌，这有助于把妒忌的感受正常化，从而减少这种情绪带来的孤独感
矛盾心理：我怎么能对关系很好的朋友产生妒忌心理呢	我们对他人的情感并不是单一的，而是复杂的。亲密的朋友之间具有更多的相似性和邻近性，更容易产生妒忌。感到妒忌是正常的，只要没有因此而伤害对方即可
过分强调理性：我不该产生妒忌这种情绪	人不是机器，妒忌是人自然而然会产生的一种情绪

第二，深入分析信息是减少恶意妒忌的有效途径。根据 Schreurs 等（2023）的研究，那些能够客观分析和评估社交媒体信息的人，在面对他人的成功时，不太容易产生妒忌情绪。通过培养批判性思维和提升信息评估能力，我们可以在一定程度上缓解妒忌感。而一些认知偏差可能导致个体无法正视和接纳自己的妒忌情绪，从而难以找到有效的应对策略。表 8-2 中详细地描述了一些认知偏差及其应对策略。

表 8-2　认知偏差及其应对策略

认知偏差的类型	应对策略
揣测他人：你时常担忧因表现不佳而被他人轻视。这种忧虑让你在自我评价上过于负面，难以自如地展现自我	你如何能够确切知道别人心中的想法呢？他们真的明确表达过对你的轻视吗，还是这只是你想象中的？你是否还记得那些人也曾给予你正面的肯定和鼓励？有没有可能他们并未深入了解你，而只是基于片面的印象做出了判断？即便他们真的这样想，你难道能改变别人的想法吗？重要的是，你应该专注于自己的成长和进步，而不是过分被他人的想法所左右
负向预测未来：当你目睹他人出类拔萃的表现时，你会不由自主地产生自我怀疑，担忧自己在未来的表现会不尽如人意，这种念头让你对自己的未来充满了消极的预判和担忧	别人的成功并不意味着你的失败。回顾往昔经历，你有哪些成功的行为或经历呢？你应该怎样做来提升自己在未来的表现呢
灾难化思维：你认为"有人比自己做得更好"是可怕的	别人在某方面做得更好，并不意味着你的失败。将他人的成功视为激励，而不是威胁，可以帮助你保持积极的成长心态
自我贴标签：一旦发现有他人在某方面的表现超越自己，你就轻易地给自己贴上"很糟糕"的标签	一个人的价值和能力不能仅凭单一事件或某一方面的表现来评判。每个人都有自己的长处和短处，而且每个人都有自己独特的技能和才能
非黑即白的思维方式：当你看到他人的表现比自己卓越时，你认为自己在一切领域都做不好	不要用非此即彼的方式来看待自己，试着用一个"连续的评价指标"而不是"二分的评价指标"来看待自己。你可以为自己在不同领域的能力和表现设定一个从 1 到 100 分的评分体系。你会发现在"优秀"与"不足"之间存在着连续的过渡地带，这里既有阶段性的成长痕迹，也有可量化的提升空间，而非只能通过"好/坏"标签来粗暴地切割自我价值
过度以偏概全：把别人暂时的成功和自己暂时的失败看作永久的	在某个时间点上的成功并不意味着成功在任何时候都是普遍的。与其把对方理想化，不如想想他们也是人，也会像你一样经历起起落落

续表

认知偏差的类型	应对策略
否定积极的一面：你看待事物总会盯着消极的一面，而对积极的一面视若无睹	试着换个角度思考：当我们在评价他人时，我们会因为他们在某个领域表现平凡就忽略他们身上的闪光点吗？显然不会。因此，对待自己也应如此，珍惜并认可自己的优点，这样你的人生将更加充实和满足
只做上行社会比较：你总是选择比自己优秀的人（甚至是某个领域的佼佼者）做比较	不要总是将自己与那些表现最出色的人进行无休止的比较。更重要的是，为何要陷入这种无谓的比较之中呢？每个人都是独一无二的，都有自己的节奏和步伐
判断焦点：对自己的价值进行否定	与其评判自己或他人，为什么不想想你真正在意的是什么，如何按照自己的价值观生活

第三，关注自己真正重视的领域。心理治疗师引入了"生活档案袋"这一方法，旨在帮助人们发现其真正在意的领域，从而疗愈个体的妒忌心理（Leahy，2021）。该方法鼓励人们思考并写下自己最看重的领域，如家庭、事业、健康、爱好等。通过这个过程，个体可以重新发现那些被忽视但对生活同样重要的方面，从而实现生活的平衡。在竞争激烈的现代社会中，人们往往过度聚焦于事业或财富的成功，而忽视了与家人和朋友的相处、个人兴趣及爱好等其他方面。通过"生活档案袋"的练习，个体可以重新审视自己的价值观和目标，制定更为全面的生活规划，并采取积极的行动来实现自我价值。此外，个体还可以重新评估他人在特定领域取得的成就，认识到这些成就是否真的是自己渴望的。个体可能会发现，曾经渴望的"成功"并不一定是自己真正在意的。通过这种方式，个体可以摆脱过度关注他人成就所带来的压力和焦虑，转而将精力集中在自我成长和自我实现上。这有助于个体以更加积极、自信的态度面对生活，追求自己真正想要的东西。

第四，妒忌常常导致个体忽视自己可以通过积极行动来改善现状的能力，并低估这些行动的巨大价值。陷入妒忌的人可能会被消极的思维模式所困扰，认为无论自己做什么都是徒劳的。这种妄自菲薄的心态将他们困在自卑和无助的牢笼中。然而，每个人都应该意识到，尽管感受到妒忌，但我们仍然拥有改变现状的力量。通过采取积极的行动，每个人都可以逐步实现自我价值，朝着个人目标前进。重要的是要认识到，成功往往属于那些愿意采取行动并坚持不懈的人。

第五，在妒忌情绪的驱使下，人们可能会做出一些不利于个人发展的行为。例如，我们可能会过度关注他人的成就，而忽视了自己的成长和进步，或者在竞争中采取不正当的手段，通过损害他人来提升自己的地位。这些行为不仅可能会损害个体的人际关系，还可能对个体的长期发展产生负面影响。为了克服这些不良行为，我们需要认真辨析妒忌情绪的根源并采取相应的纠正措施。表 8-3 总结了妒忌情绪可能产生的不良行为和后果，并提供了一些应对策略，以帮助个体识别和克服这些行为，从而促进个人成长和发展。

表8-3　妒忌情绪可能产生的不良行为、后果和应对策略

不良行为	后果	应对策略
抱怨	过于频繁的抱怨可能会导致其他人疏远你，并导致你的人际声誉变差	培养积极的沟通方式，尝试理解他人的观点，并表达自己的感受和需求，而不仅仅是抱怨。练习感恩，专注于生活中的积极方面
贬低他人	贬低他人可能导致人际关系的破坏，并且无助于自己各方面能力的提升	建立基于尊重和理解的人际关系。专注于个人成长和自我提升，而不是通过贬低他人来提升自己
躲避自己妒忌的人	这可能会导致你缺少和优秀他人共事并从中学习的机会	主动与优秀的人建立联系，向他们学习，将他们视为榜样而非威胁。参与团队合作，积极寻求反馈和建议
因为妒忌放弃这个领域	他人的成功并不意味着你的失败，你可以通过向他人学习来提高自己在某一领域的表现。但如果你真的放弃了，这才意味着你失败了	保持坚持和毅力，将他人的成功视为激励自己进步的动力。设定具体目标，制定实现这些目标的计划，将注意力集中在个人成长，而不是与他人比较上
思维反刍	重复纠缠于负面的感受只会让你感到沮丧。你可以考虑接受事物的现状，并尝试充分利用当前的局面来提升自己	学习放下和接受无法改变的事实。练习正念冥想，专注于当下，减少对过去的反刍和对未来的担忧
自我批评	这会让你郁闷，甚至更容易产生妒忌。为什么不向所妒忌的人学习呢？学着对自己说"我们看看如何让自己变得更好吧"，而不是对自己说"你怎么如此糟糕"	培养自我同情，用更积极和更具建设性的方式对待自己的不足。设定可实现的小目标，庆祝每一个小成就，以此来增强自信心

当我们被妒忌情绪所困扰时，可以积极采纳上述建议，调整内心的认知与态度，并将这种情绪转化为自我提升的动力。通过这些简单的转变，我们能够更加和谐地与妒忌情绪共处，并将其转化为自我成长与进步的力量，从而迈向更加充实和积极的人生。

（二）行为疗法

请大家先读下面这个故事：

美国南北战争时，陆军部长斯坦顿来到林肯的办公室，气呼呼地说，一位少将用侮辱的话指责他偏袒一些人。林肯建议斯坦顿写一封言辞尖刻的信回敬那家伙。"可以狠狠地骂他一顿"，林肯说。斯坦顿立刻写了一封措辞激烈的信，然后拿给林肯看。"对了，对了"，林肯看后高声叫好，"要的就是这个！好好教训他一顿，你真写绝了，斯坦顿。"但当斯坦顿把信叠好准备装进信封里时，林肯却叫住他，问道："你要干什么？""寄出去呀。"斯坦顿有些莫名其妙了。"不要胡闹"，林肯大声说，"这封信不能发，请把它扔到炉子里去。凡是生气时写的信，

我都是这么处理的。这封信写得好，写的时候你已经解气了，现在感觉好多了吧？那么就请你烧掉它，再写第二封信吧。"

从上面的故事中，我们可以发现林肯并没有命令部下压抑情绪，而是建议部下把自己的愤怒写在纸上然后烧掉，以此来缓解自己糟糕的心情。那么，把这一方法用在应对妒忌情绪上能否奏效呢？Soesilo 等（2021）的研究给出了肯定的答案。他们做了一系列有趣的实验，试图验证摧毁那些写有妒忌情绪的纸张是否真的有助于减轻妒忌情绪。在实验一中，实验者告知被试这个实验是为了分析他们的字迹，以此来掩盖真实的实验目的。其中一半的被试需要回忆一系列能引发他们妒忌情绪的事件及当时的感受，并记录在纸上（简称"回忆妒忌组"），而另一半的被试需要回忆上周三他们做了什么（简称"回忆周三组"），之后统计两组的情绪评分，结果发现，"回忆妒忌组"感受到的妒忌程度的确高于"回忆周三组"。之后，被试来到另一个房间，其中一半的被试需要将自己写的卡片放在碎纸机里，以帮助实验者"验证碎纸机的产品性能"；另一半被试需要将自己写的卡片别上曲别针，以帮助实验者"验证曲别针的产品性能"（这里"验证产品性能"只是一个幌子，以掩盖实验者的真实目的）。在实验的最后，被试可以拿走桌子上的任何物品作为参加实验的奖励（如签字笔、巧克力、便利贴、钢笔等）。这样的操作能够通过被试拿走的奖励数量来反映他们的妒忌程度。实验一的结果显示，整体而言，"回忆妒忌组"比"回忆周三组"拿取的礼物数量更多。而对于"回忆妒忌组"而言，使用碎纸机碎掉纸张（纸张保留度低）的被试倾向于拿较少的礼物，而使用曲别针穿过纸张（纸张保留度高）的被试更倾向于拿较多的礼物。我们对这项实验结果的解释是，碎纸机对纸张进行破坏的同时，也破坏了当事人对情绪的物化呈现。当写有妒忌的纸张被粉碎时，被试的妒忌情绪也随之烟消云散，因此被试不需要拿更多的礼物来补偿这种妒忌带来的痛苦感。这项研究启发我们，如果想要减少妒忌，可以尝试将妒忌感写在纸上，然后将其撕毁。摧毁一个象征妒忌情绪的物体，有助于妒忌情绪的减弱和消除。

此外，每日写感恩日记也有助于减轻妒忌。Ling 等（2023）的研究表明，与缺乏感恩心态的人相比，保持感恩心态的人更不容易体验到妒忌情绪。因此，我们在日常生活中应当注重培养自己的感恩心态。留意日常生活中值得感恩的小事，有助于我们培养感恩的心态。

第九章

被 妒 忌

那些妒忌我的人，在不知不觉中赞扬了我。

——《沙与沫》（Gibran，2022）

在本章正式开始之前，请你阅读下面这个场景，并把自己想象成故事中的小赵。你有过这种被妒忌的感受吗？你又是如何知晓他人对你的妒忌的？本章将讲解妒忌的被动语态——被妒忌。

小赵是寄宿学校的一名高中生。这天，班主任选他代表全班参加学校举办的演讲比赛。在比赛中，他获得了一等奖。得知这个好消息后，舍友们欢聚一堂，一起享用了一顿丰盛的晚餐以示庆祝。小赵原本以为舍友们是真心为自己取得的成功感到高兴。然而，第二天晚上，小赵回到宿舍刚想推门，就听到舍友们在房间内窃窃私语。他在门后屏息倾听着：

"还不是因为他爸和班主任是好朋友，班主任才偏袒他。"

"是啊，为了让他能安心准备比赛，班主任还特地免去了他的早操。"

小赵在门后沉默了许久，整个脸庞如火山爆发般滚烫。他原本想推门而入说些什么。然而，当他刚要推开门时，舍友们突然停止了议论。其中一个室友笑着说："小赵回来啦？你不在的时候，有人把你奖状送来了，放在了你桌上……"其他室友也纷纷道贺："恭喜啊，小赵！""当之无愧，向你学习！""咱宿舍的口才担当！"

突如其来的赞美让小赵一时愣住，他呆呆地站在门口，心中五味杂陈。

第一节　影响"被妒忌感知"的因素

正如前文所提到的那样，恶意妒忌可能会带有一定的攻击性，有可能会给被妒忌者带来一定的伤害。因此，在日常生活中，及时甄别他人对自己的妒忌心理并采取措施加以缓和或防御是非常重要的。但是，妒忌是一种极具隐蔽性的情绪，妒忌者非但不愿意将自己的妒忌情绪透露给他人，甚至有可能连自己都没有充分意识到自己的妒忌情绪（Miceli & Castelfranchi，2007；Smith & Kim，2007）。比如，一个人看另一人不顺眼时，可能是因为妒忌，但他内心深处并不承认自己是因为妒忌对方才抱有敌意的。然而，妒忌也并非完全不能被他人察觉。那么，人们是如何判断他人是否对自己产生了妒忌心理呢？

一、妒忌归因形成的自我调节模型

Puranik 等（2019）认为一个人需要整合多条信息才能准确推断出他人是否

处于妒忌情绪中，因为孤立地考虑单条信息得出的结论是模棱两可的。比如，对方也许感到了自卑，但他不一定同时感受到了妒忌。再如，一个人可能正在批评他人或者在背后说他人坏话，但这也并不意味着这个人正处于妒忌中，他有可能仅仅出于其他原因而产生敌意。此时，我们需要整合更多的上下文信息，才能判断一个人是否真的处在妒忌情绪中。据此，Puranik 等（2019）提出了妒忌归因形成的自我调节模型（self-regulatory model of envy attribution formation）。如图9-1 所示，该模型具有两个循环：妒忌归因的自我调节循环、妒忌归因的人际关系调节循环。首先，当他人行为与我们的期望不符时，容易引发第一个循环，即自我调节周期，这个周期可以帮助人们判断他人对待自己的方式是否出于妒忌。如果将他人的行为归因于对自己的妒忌，个体将进入第二个循环，即人际关系调节周期，这时个体将思考选择以怎样的方式与对方相处，而这种相处方式将进一步影响两人的关系。

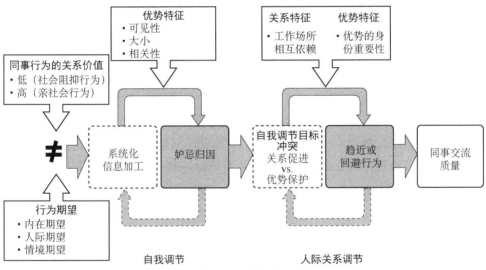

图 9-1　妒忌归因形成的自我调节模型（Puranik et al.，2019）

Puranik 等（2019）的妒忌归因形成的自我调节模型提出，人们的行为可以分为角色内行为（inrole behaviors）和角色外行为（extra-role behaviors）。前者更有可能被视为因工作、任务等非个人意愿而做出的行为，而后者更可能被解释为因私人情感而做出的行为（如工作任务外的交流）。因此，角色外行为更有可能导致妒忌归因。为了建立不同类型的妒忌归因理论，这个模型重点关注两种情感色彩截然相反的角色外行为：社会阻抑行为（social undermining behavior）和亲社会行为（prosocial behavior）。这两种行为在组织中很常见，其中社会阻抑行为包括不与妒忌对象建立和维持积极关系、抹杀他人的成功、破坏他人的声誉等（Duffy et al.，2012），具体方式包括批评、冷淡、敌对、八卦、散布谣言以及不为其提供帮助和有价值信息等。相比之下，亲社会行为包括帮助、赞美和善待他人等。通常情况下，人们对他人的行为存在一定的预期，这种预期来自个人的过往社交经历、人际关系和一定的社会情境。当他人的行为与自己的预期相差较大时，这会引发人们对他人行为更大的关注，Puranik 等（2019）把这种关注称为系统化信息加工（systematic information processing）。接下来，我们将了解来自个人、人际和社会情境等层面的信息如何影响个体对他人行为的预期。

（一）个人层面

从个人层面来看，个体存在着稳定而主观的自我评价，这是个体在长期与他人交往的过程中形成的（Stinson et al.，2010）。这种长期形成的、较为稳定的自我评价影响着个体与他人互动的预期（James，1890；Leary & Tangney，2003）。自我评价较高的人有积极的自我观，认为自己拥有许多优秀的品质。因此，他们预期自己在与他人互动的过程中将获得较高的关系价值（relation value）（见知识窗 9-1）。相比之下，自我评价较低的人的自我观较为消极，因此在人际互动中对关系价值的预期也较低。这类人几乎意识不到自我评价在个体与他人相处中发挥着至关重要的作用。人们倾向于体验到与自我观一致的外部世界，以使世界看起来"连贯"且"可预测"（Swann，2012）。因此，当他人的行为所表现出的关系价值与自我评价相符时（即高自我评价的人受到同事的亲社会行为，低自我评价的人受到他人的社交阻抑行为），个体会感到真实感和控制感（Tafarodi & Swann，1995），此时不需要触发系统化信息加工。而当他人对自己的言行与自我评价相反时（即高自我评价的人受到他人的社会阻抑行为，低自我评价的人受到他人的亲社会行为），人们往往需要进行自我调节。自我评价较低的人甚至可能会把他人对自己的友善行为视为出乎意料的威胁。当他人对待自己的方式与自我评价相反时，会促使人们进行系统化信息加工，以进行自我调节。

知识窗 9-1

关 系 价 值

心理学家马克·利里等认为，关系价值是指个体认为自己与另一个人的关系的重要程度（Leary et al.，2001）。某个人在自己眼中的关系价值越高，他们就越有可能维系这段关系。因此，关系价值、包容和接受程度是密切相关的。当知觉到自己的关系价值低于期望时，我们容易感到苦恼（Leary，2005）。

（二）人际层面

从人际层面来看，个体对他人的行为有一个预期，且这种预期往往是根据他人的性格及对方先前与自己的相处模式来设定的。比如，一个平日举止文静的人突然对我们恶语相向，或者一个平日对我们不理不睬的同事突然热情地恭维我们。这些都会让我们感觉他人当下的行为与自己的预期存在偏差，因而引发一种类似"失调"的感觉。

（三）社会情境

人们还会根据所处环境的情境信息预期可能会发生的行为，Puranik 等（2019）称之为情境期望（contextual expectancy）。比如，在一个充斥着消极社会行为（如冷漠、批评、谣言等）的工作场所中，个体会将他人的这种社会阻抑行为视为正常的。而在一个以亲社会行为为主的工作场所中，人们会预期他人做出亲社会行为。如果他人的行为与所处的情境不同，会促使人们思考对方言行与情境期望不一致的原因。

当体验到他人行为与自我对他人行为的预期之间的不平衡感时，个体会产生一种恢复平衡的动机。他们可能会调节自我对他人行为的预期，但这种预期在短期内是相对稳定的，因为它的三个来源——自我价值感、人际感知、所处情境的社会规范——在短期内不容易发生变化（Fiske & Taylor，1991）。此时个体把这种不平衡感归因于"他人妒忌自己"则是看似合理的，而且能有效缓解个体内心的矛盾感，即"对方是因为妒忌才这样对我的"。一方面，当他人对自己的好超出预期时，人们可能会这么想：他主动接近我是为了从我这里学习一些技巧，以提升他自己。另一方面，当他人对自己的敌意超出原本预期时，人们可能又会暗自思索自己是否言行不当以致冒犯到了对方。如果想不到哪里有冒犯之处，个体可能会将他人对自己的冷落归因于"那个人在妒忌我"。此外，在将他人与自己预期不符的行为归因为妒忌时，个体需要评估是否存在以下两个条件：①在某个领域自己比他人优越；②体察到了他人因自己的优势而感觉到的痛苦（Smith & Kim，2007）。这两个条件是妒忌体验的要素，也是个体把他人行为归因于妒忌的重要条件。

（四）其他因素

在自我调节环节中，除了个人期望、人际期望、情境期望这三大期望影响妒忌归因外，Puranik 等（2019）还提出了三个影响妒忌归因的因素：优势可视性（visibility）、相对差距的大小（magnitude）、自我相关性（relevance）。

第一，优势可视性在妒忌归因上起着重要作用。高度的可视性是现代工作场所和生活场所的显著特点，各种颁奖仪式、成绩排名单、甚至是朋友圈的各种信息，都将人们的优势和成就变得透明化。Puranik 等（2019）认为这种可见性不仅仅强调了优越者的相对优势，更可能会加重相对劣势者内心的痛苦感。当个体参与关于他人行为的系统信息加工时，他们有可能感知到自己相对优势的可见性，也会感知到自己的相对优势可能会加剧其他人的痛苦和自卑。因此，人们有时会故意隐藏自己的成功。例如，Exline 等（2004）发现，当被授予奖励时，学生更倾向于不向全班宣布自己的名字。同样，van de Ven 等（2010）发现，被试通常认为，如果其他人知道了自己的成功，可能会产生妒忌情绪。这提示我们，相关场所可以注重保护个体隐私，从而降低优势可视性，减少妒忌的产生及其带来的相应不良结果。

第二，相对差距的大小也是影响人们妒忌归因的重要因素。当相对差距较小时，人们可能会忽略这些优势，并认为自己与同事之间的差异不显著，此时他们也并不认为自己的"稍占上风"会给他人带来多大的妒忌。然而，当相差较为明显时，人们可能会更加关注这种相对差异，并意识到自己在某些方面比他人更优越，并可能意识到这可能会引起他人的妒忌。但也有学者认为，如果人们感知到自己和被妒忌者差距过大以至于完全不在一个水平，个体反而更不容易产生妒忌情绪，这时体验到的更多是一种景仰，就像一位初学象棋的少年对著名象棋大师的仰慕之情。

第三，自我相关性也会影响人们的妒忌归因。先前研究已经表明，当他人的优势越是自己所在意的领域时，个体越会感到妒忌（Lockwood & Kunda，1997；Smith，2004）；而在被妒忌者的感知中，人们也会考虑"我的优势和成功，是不是他人也渴望却没有得到"（Salovey & Rodin，1984；Schaubroeck & Lam，2004）。

然而，Puranik 等（2019）也提到，妒忌是一种隐性的社会情绪，个体可能会出现归因错误，从而导致对他人的误解。如果一个人错误地将他人主动的亲社会行为归因于妒忌，可能会终止与他人的社交关系。而如果一个人错误地将他人的社会阻抑行为归因于妒忌，就可能会主动改善与他人的关系。

二、肢体动作对被妒忌感知的影响

有学者认为，观察者能够通过解读他人的表情、言语和行为来推断他人可能产生的妒忌情绪。妒忌虽然是一种复合情绪，但可能通过一些基本情绪来表达出来，从而引起个体表情或肢体动作的变化（Oatley & Johnson-Laird，1987；Plutchik，1982）。根据有无敌意，妒忌可以划分为善意妒忌和恶意妒忌，这两种妒忌可能与不同的基本情绪，如失望和愤怒有关。在妒忌情境中，妒忌者的失望或愤怒会向观察者透露妒忌者的欲望信息，以推断妒忌者不同形式的妒忌。善意妒忌可能表现为付出更多的努力、虚心请教，也许会伴随着一种因自卑而产生的沮丧和失落的感觉。而恶意妒忌表现为一种对优势者的愤怒和攻击性，也可能在被妒忌者遭遇不幸时产生幸灾乐祸的情绪。

Lange 等（2022）探讨了如何通过面部表情和上下文信息来推断妒忌的性质，即善意妒忌和恶意妒忌。首先，观察者可以通过他人的面部表情来做出推断。具体来说，当妒忌者面对他人的优势时，如果露出一种失落的表情，那么观察者可能推断妒忌者体验到的是善意妒忌，也想要获得相应的优势。如果妒忌者在看到他人的优势时面露怒色，那么观察者可能推断妒忌者正在经历恶意妒忌，有想要攻击被妒忌者的欲望。其次，观察者可以通过他人的注视焦点来判断。研究表明，人们可以通过观察对方的注视点来推测对方的妒忌程度（Frischen et al.，2007），这是因为动机驱动着注意力的分配（Vogt et al.，2010）。Crusius 和 Lange（2014）的研究发现，善意妒忌的人注视被妒忌者与被妒忌者所拥有的优势的时间几乎相等；而恶意妒忌的人会花更多的时间注视被妒忌者，而不是被妒忌者的优势。Lange 等（2022）认为，面部表情、对他人的注视焦点，以及上下文情境共同影响了个体对他人心理状态的推测：如果一个人失望地注视着获奖者的奖杯，可能这个人正体验着善意妒忌，也想通过提升自己来获得相应的优势；如果一个人愤怒地注视着获奖者本身，可能这个人正在经历着恶意妒忌，甚至可能想对被妒忌者发起攻击。在 Lange 等（2022）的研究中，被试需要观看若干个视频。每个视频的画面可以分为左、中、右三部分，画面的最左边是优势获得者（即被妒忌者）的名字和头像，画面的右边是被妒忌者所拥有的优势，而画面的中央是妒忌者。妒忌者可能会有几种不同的表情（愤怒、悲伤、中性）和动作（朝向被妒忌者或者朝向被妒忌者的优势），他可能会带着失落的表情望向被妒忌者的优势，也可能带着愤怒的表情望向被妒忌者。被试需要根据画面中被妒忌者的表现，推断他产生的是善意妒忌还是恶意妒忌。结果表明，观察者能够通过目标人物的面部表情（愤怒或失望）和注意力分配（转向优势物品或人物）来推断其妒忌类型。情绪表达和注意力转向是两个独立的线索，分别会对妒忌推断产生相应影响。当目标人物表现出失望并关注优势物品时，观察者更可能认为其体验到了善意妒忌；而当目标人物表现出愤怒并关注优势人物时，观察者更可能认为其体验到了恶意妒忌。

三、熟悉度对被妒忌感知的影响

有研究表明，互相熟悉的人能够准确地感知到对方是否有妒忌的性格倾向（Lange et al.，2020）。该研究分为研究一和研究二。研究一选取了 234 对陌生人作为被试。被试两两分组玩石头剪刀布的游戏，获胜者将获得 10 美元作为奖励。之后，让被试填写问卷来报告其感到妒忌的水平，并报告他们认为对方产生妒忌的水平。结果发现，对于陌生人而言，人们很难预测到对方是否感知到妒忌，而仅仅是把自己感知到的妒忌程度投射到了对方身上。研究二选取了 254 对熟悉的人作为被试。结果发现，相比于陌生人而言，互相熟悉的人更容易预测到对方的妒忌程度，并且双方对彼此的熟悉度越大，被试预测伙伴的善意妒忌性格的准确性越高，但被试对伙伴恶意妒忌性格的准确性预测与关系亲密程度无关。研究者对于善意妒忌和恶意妒忌随熟悉度变化的不同走向做出了解释：首先，在非常亲密的关系中，准确地感知伙伴的特质倾向可能会更加困难。这可能是因为晕轮效应，因为随着时间的推移，互相熟悉的人认为彼此非常了解，所以不太关注对方的特质。其次，这也有可能是因为朋友在平日相处中没有把性格中更具破坏力的恶意妒忌展现出来。最后，还有可能是个体对恶意妒忌的感知在一定数量的互动后就会到达一个平台期，进一步的关系经历可能不会提供有关对方性格的新信息。我们猜测，相比于善意妒忌，持有恶意妒忌的个体具有更强的敌意，社会接纳度更低，所以人们可能选择将其隐藏起来，甚至也不在熟悉的朋友面前表露出来。

第二节　被妒忌的影响

一、被妒忌感知引发的情绪反应

被妒忌是一种微妙而复杂的情感体验，在我们的社会互动中扮演着双重角色。一方面，我们因为拥有足以引起他人注目的闪光点而感到自豪和满足；另一方面，被妒忌也可能给我们带来不安和焦虑，因为它就像一场难以预测的狂风，随时可能扰乱甚至破坏我们与他人之间的关系。根据 Rodriguez Mosquera 等（2010）的研究，当人们意识到自己成为他人妒忌的对象时，他们往往会同时经历积极情绪和消极情绪：积极情绪表现为自信心增加，而消极情绪则源于对关系紧张和社会排斥的担忧。此外，与注重团体合作以及人际关系的被试相比，以成就为导向的被试更享受被妒忌的感觉，同时也更担心被妒忌的负面后果。Lee 等（2018）在管理学领域也发现了相似的结果，他们发现被同事妒忌的经历不仅会影响个体的情感体验，还会对个体的工作投入和表现产生影响。具体来说，被妒忌的员工可能会因为同事的认可而感到自豪、满足和优越，这种积极的情感体验会增强员工的自我价值感，激励他们更加努力地工作，以维持或提升其地位。同时，这些员工也可能会感到焦虑和担忧，因为他们担心自己的成功可能引起同事的不满或敌意，进而损害自己与同事的关系。这种消极的情感体验可能导致员工在社交互动中感到压力，从而对其工作投入和工作绩效产生消极影响。这种情感的双重性是被妒忌体验的一个显著特征，它揭示了人类情感的复杂性。被妒忌体验还会受到与妒忌者之间关系类型的影响。例如，在消费情境中，当被妒忌的消费者与妒忌者之间的关系较为亲近时（如朋友或者熟人），可能引发妒忌者的消极情感。相反，当被妒忌的消费者与妒忌者的关系较为疏远或者负面（如不喜欢的人）时，可能引发妒忌者的积极情感。在这种情况下，消费者可能不太关心羡慕者的感受，甚至可能会因为自己的优越地位而感到高兴（Romani et al.，2016）。

被妒忌的体验如同生活中的一把"双刃剑"，既能够提升个体的自我价值感，也可能带来人际关系的挑战。这种体验的复杂性要求我们在享受成就带来的喜悦的同时，也要学会管理和调节由此引发的情感波动。

二、被妒忌感知引发的人际调节策略

被妒忌是一个多维度的情感过程，不仅会受到个人成就和社会关系的影响，还会受到个体对这一情感的处理策略的影响。当个体感知到他人对自己妒忌后，个体可能会存在两种情绪关注点，Smith（2000）称之为"主体性的两极"（two poles of subjectivity），分别为关注自我（self-oriented concern）和关注他人（other-oriented concern）。一个人在感知到他人的妒忌后，如果采取关注自我的焦点，那么他可能会担心自己优越的表现对他人构成威胁，认为自己的优势有可能使自己变成别人攻击的对象。他可能会为此感到焦虑，并采取谨慎表达自己或回避相处等方式来淡化自己的优异表现，从而避免可能由被妒忌带来的负面影响。此时，他在面对被妒忌情境时持有的是回避动机（avoidance motivation）。如果一个人在感知到被妒忌后采取的是关注他人的焦点，那么他可能对妒忌自己的他人所经历的负面情绪感到同情，或者担心团队的凝聚力会因此而受到影响。这种情况下，他可能试图通过接近他人来帮助其达成目标。此时，他在感知到别人妒忌自己时采取了趋近动机（approach motivation）。

对职场情境的研究也发现了这种两极性的现象。例如，Scott 和 Duffy（2015）提出，感知到自己被别人妒忌会导致员工讨好他人或为他人提供帮助。然而，也有学者发现，一些被妒忌的人倾向于与妒忌自己的人保持距离（Henagan & Bedeian，2009）。Xu 等（2021）的研究表明，当员工感知到被妒忌时，员工可能同时采取两种倾向：一方面主动接近他人并为之提供适当的帮助，以期维护人际关系；另一方面也在警惕他人伤害自己的风险，并且个体在提供帮助时可能有一定的保留，防止自己最核心的优势落入他人手中，例如更不愿意分享自己的知识。个体通过这种方式在两种倾向中寻找一个动态平衡点，既有助于维护人际关系，又有助于维护自己的既得利益。

本书也认同个体在被妒忌时可能同时存在趋近动机和回避动机的观点。在前文提到的妒忌归因形成的自我调节模型的自我调节环节中，人们在做出他人行为是否可以被归因为妒忌的判断之后，将思考如何面对他人对自己的妒忌，并选择今后与他人交往的方式，这将影响人际关系的进一步发展。在这一环节中，人们的主要目的有两个：维系自己和妒忌者的人际关系，避免自己的优势地位受到妒忌者的迫害（Duffy et al.，2008；Scott & Duffy，2015）。理论上来说，当面对不同目标时，特别是当多种目标相互冲突时，个体通常只能在同一时间内选取其中一种目标（Cavallo，2012）。但在现实生活中，这两种目标往往不能只取其一，资源的不对称分配、激烈的竞争往往使人们试图维护自己的优势免遭被妒忌者的破坏，而高度细化的社会分工又使得人们需要互相合作来获得更大的收益，这又促使人们不得不维系自己与妒忌者之间正常的合作关系。除此之外，人们也有可能出于对妒忌者的同情而对其伸出援手和给予理解。因此，我们认为可能存在个体同时持有两种目标的可能：被妒忌者一方面主动接近妒忌者以期维系良好的人际关系，另一方面也在警惕着对方对自己优势的破坏。

当被妒忌的人选择维系人际关系作为目标时，他可能会做出一系列的关系增强行为来修复因妒忌而受到损害的关系纽带，如赞美、帮助妒忌者，或者在言语上贬低自己的优势，甚至会减少未来的优秀表现。此外，被妒忌者还可能选择分享相关的信息或知识，如业绩优异的销售员可能告知同事自己的推销技巧，以此来维系与妒忌者的关系或者试图减轻其妒忌感。然而，在资源有限且个体与妒忌者构成竞争关系时，这种做法可能会对被妒忌者自身的优势造成威胁，因为这样做会缩小自己和妒忌者之间的差距。

当被妒忌的人选择将避免自己的优势地位受到妒忌者的迫害作为目标时，可能会做出一系列回避妒忌者的行为，如避免与妒忌者交谈，选择不同的工作时间或工作地点以免和妒忌者接触。当察觉到自己在某领域的优秀表现给他人带来了自卑和痛苦时，被妒忌的人可能会通过减少与他人交往来避免他人面对不愉快的向上社会比较。但这样的做法也有很大的弊端：避免与妒忌自己的人接触，可能会让自己失去很多发展人脉的机会，而且回避的态度可能会使他人误以为当事人自视甚高，从而引起他人更强烈的反感（Lange & Crusius，2015）。

由此看来，当个体感知到自己被妒忌时，无论采取趋近目标还是回避目标都各有利弊。这也提醒我们，成功和认可虽然令人向往，但它们也可能带来社交上的挑战。如何处理这些挑战，不仅需要智慧和策略，还需要同理心和人际交往的技巧。

三、影响人际调节策略选择的因素

选择关注自己或是关注他人并不是一种稳定的倾向，而是与这个人对妒忌者的评价、当时所处的情境等息息相关。Puranik 等（2019）的妒忌归因形成的自我调节模型的第二个环节——人际关系调节环节，从其他角度思考了个体面对妒忌时可能做出的选择。个体究竟选择何种方式应对被妒忌的局面，还会受到以下几个因素的影响。

第一，个体采取的应对策略和其所处的人际环境有关（Puranik et al.，2019）。比如，在相互依赖性较高的人际环境中，个体可能更倾向于将维系人际关系作为首选目标。现代工作场所的设计使得员工越来越需要频繁互动和合作，这也使得人们更倾向于主动与妒忌自己的人搞好人际关系，以获得更大的利益。相比之下，在相互依赖性较低的人际环境中，人们对维系关系的关注较少，因为从功利角度来讲，维系与妒忌者的关系对他们日常工作与生活的意义仿佛不大。在这种情况下，促进人际关系的行为（如告诉对方自己成功的技巧）可能会降低个体的相对优势地位，不利于个体对有限资源的竞争，从而让个体觉得弊大于利

（Bergeron，2007）。

第二，个体应对被妒忌的方式也与其感知到的优势重要性有关。比如，一个人掌握着独特的专业技术，而分享这个技术秘诀意味着失去自己的独特性；再如，一个人和上级维持着良好关系，而分享这个人脉可能意味着减少自己能利用到的便利。如果被妒忌者认为自己所具备的优势至关重要，甚至构成了自我身份认同的一部分，那么对该优势的威胁可能尤其令其痛苦。此时，被妒忌的人会采取一系列回避行为来保护特定优势带来的身份认同。他会更加不愿意将有利信息分享给妒忌者。然而，并不是所有的优势都会被人们认为是重要的。面对不重要的优势，人们可能不会感受到被妒忌带来的威胁，因此可能做出较少的回避行为。总结起来，优势在人们身份中的中心性越强，人们采取回避导向行为的概率就越大，采取趋近导向行为的概率就越小。

第三，个体也会考虑到与他人的价值交换，从而选择趋近目标还是回避目标。如果他们认为自己的趋近行为（包括分享信息、知识、反馈、帮助和提供社会情感支持）能够换来一定程度的回报和响应，那么他们在被妒忌时会更倾向于维系和妒忌者的关系。

综上，在面对被妒忌的情况时，个体的应对策略并非一成不变，而是受到多种因素的影响。个体在不同情境下权衡这些因素，并选择最合适的应对策略，对于促进健康的人际关系和社会互动具有重要意义。

第三节　如何减少他人的妒忌

在人际交往中，妒忌是一种常见的情绪反应，可能源于对他人的成功、才能或幸福的妒忌。然而，妒忌不仅会影响个人的心理健康，还可能会破坏人际关系和社会和谐。因此，了解如何减少他人的妒忌情绪，对于维护良好的社会关系至关重要。每个人在面对妒忌时都有自己的应对方式，这些方式的有效性往往取决于妒忌的具体情境和妒忌者的动机。只有运用合适的策略来应对，才能减少威胁，减弱甚至彻底消除妒忌者的妒忌。

一、适度展现个人缺点

在心理学领域，存在一种引人入胜的现象，名为"出丑效应"。它揭示了一个饶有趣味的事实：那些才能一般的人，往往难以赢得他人的倾慕；而那些完美无缺的人，也未必能讨得所有人的欢心。相反，那些精明能干之人，若在不经意间流露出些许小错误，不仅不会掩盖他们的光芒，反而会使人们觉得他们也拥有与常人无异的缺点，从而更添几分亲切与可爱，让人不禁心生喜爱。这种小小的失误，恰似一场及时的春雨，能够有效化解他人对自己的敌意。因此，那些被妒忌所困扰的人，不妨适时地展现出一些无关痛痒的小缺点，这或许能巧妙地降低他人对自己的妒忌之心，让彼此的关系更加融洽和谐。这一观点在现代心理学研究中得到了证实。Wenninger 等（2019）的研究表明，人们适度地展示自己的缺点或不幸，可以有效地减少他人的妒忌情绪。在该研究中，实验者给被试呈现的虚拟人物的人口学信息将与预先收集的被试信息相匹配。被试被随机分为三组，其中，只给第一组被试呈现他人成功的信息，而给第二组被试呈现他人成功和失败的信息，给第三组被试呈现他人成功的信息和其他额外信息。之后，分别考察三组被试的恶意妒忌程度。结果发现，揭露成功他人的不幸事件有助于减少敌意，从而减少恶意妒忌。因此，在某一领域地位较高的人可以试着暴露自己的缺点，以减少他人对自己的恶意妒忌；而妒忌他人的人也应该意识到"人人都有一本难念的经"，他人光辉灿烂的背后往往都有难言之隐。

此外，Brooks 等（2019）的一项研究也得到了类似的结论——成功人士透露失败经历有助于减少他人的恶意妒忌情绪。研究者先让被试阅读包含不同程度的成功和失败信息的人物传记，然后评估他们的恶意妒忌情绪。结果表明，与仅透露成功信息相比，透露失败经历能显著减少被试的恶意妒忌情绪。此外，在实验中，成功人士的失败经历是否被揭示对观察者的情绪有显著影响。具体来说，在揭示失败经历的条件下，成功人士同时分享了成功和失败的故事；而在仅揭示成功的条件下，成功人士只分享了成功的故事。结果发现，了解成功企业家的失败经历不仅减少了被试的恶意妒忌情绪，还增加了他们的善意妒忌情绪，并且改变了他们对企业家自视过高和真实自豪的感知。这些发现表明，透露失败经历是一种有效的人际情绪调节策略，能够减少他人对成功人士的恶意妒忌情绪，同时可能激励他们提升自己的表现。

二、被妒忌者的自我谦卑

谦虚是应对他人妒忌的常用策略之一，体现了个体对他人感受的尊重和考虑。通过谦虚，个体能够在一定程度上缩小与妒忌者之间的差距，从而减少妒忌情绪（Parrott，2016）。Henagan 和 Bedeian（2009）探讨了工作场所中业绩优秀的个体如何处理自己成为同事向上比较的对象这一问题。他们的研究发现，为了减少自己的消极体验和自己对他人的威胁感，业绩优秀的个体倾向于采取自我调节行为，特别是通过谦虚地淡化自己的成就来减轻同事的妒忌心理。

　　社会心理学家强调，人们倾向于将自己与他人进行比较以评估自我价值。因此，当个人取得成功时，保持谦逊和低调，减少对个人成就的高调展示，可以削弱他人在社会比较过程中的挫败感，进而减轻他人的妒忌心理。如果必须谈论起自己的成就或幸福的生活境遇，个体也应强调自己背后的辛勤工作和努力付出，而非单纯的天赋或机遇，这能够有效缓解他人可能产生的妒忌情绪。这种做法基于的是社会心理学中的归因理论，即通过强调成功背后的可控因素（努力），可以引导他人将成功归因于可控的、可复制的因素。这种归因方式不仅增强了成功故事的激励性，还减少了他人因认为成功遥不可及或依赖不可控因素而产生的负面情绪，从而有助于减轻妒忌心理，促进更加积极、正面的社交氛围的形成。

三、被妒忌者的分享行为

　　分享行为在缓解妒忌心理和促进积极社交互动方面扮演着重要角色。当妒忌者感受到被妒忌者的分享时，他们不仅可以减少对分享者的妒忌和敌意，还会增加其对分享者的感激和积极评价。这种感激之情能够激发个体对分享者做出亲社会行为，减轻对分享者的排斥和敌意心理，进而避免个体对分享者产生妒忌的动机。Zell 和 Exline（2010）讨论了分享行为在竞争情境中的作用。在他们的实验中，被试与一个合作者进行游戏，实验者通过一定的操纵使合作者在每次游戏中都获胜。合作者在赢得游戏后采取了不同策略：有的分享奖品，有的进行自我贬低，有的则什么都不说。结果表明，当合作者选择分享奖品时，被试报告了对合作者更高的喜欢程度和更积极的看法。这表明分享行为不仅能够缓解被试的负面情绪，还能够增强他们对胜出者的积极评价。然而，当合作者选择自我贬低时，被试并没有因此而提高被试对合作者的喜欢程度，反而降低了对合作者技能的认可。这可能是因为自我贬低被视为一种不真诚的行为，从而导致了相反的效果。Yu 和 Duffy（2016）也提出了类似的见解。他们认为，作为被妒忌者，个体可能会感受到自己对妒忌者的责任和义务感增加，这会促使他们更愿意与妒忌者分享知识、技能和资源。这种分享意愿的提高可能是对妒忌情绪的一种补偿机制，有助于修复可能受损的社交关系。

　　个体在被妒忌的情况下做出的反应，不仅会影响个体自己的心理状态和行为，还可能会对周围的社会环境产生深远的影响。理解和应用这些知识，可以帮助我们在工作场所和日常生活中更好地管理自己的情绪反应，以及知道如何在保持个人成就的同时，维护和加强自己与他人的积极关系。由此，我们不仅能够享受成功的喜悦，还能避免因妒忌而产生不必要的社交摩擦，从而促进一种更加和谐与富有成效的社会环境的形成。

参 考 文 献

郭嘉豪, 蒋雅丽. (2022). 精神病态的理论研究进展. *中国临床心理学杂志, 30*(1), 90-94. https://doi.org/10.16128/j.cnki.1005-3611.2022.01.019

何腾腾. (2013). *大学生妒忌的量表编制及其相关研究*. 重庆: 西南大学.

李文超. (2017). *妒忌情绪对攻击性的影响*. 临汾: 山西师范大学.

林崇德. (2003). *心理学大辞典*. 上海: 上海教育出版社.

罗伯特・L. 莱希. (2018). *为什么嫉妒使你面目全非*. 朱倩倩译. 杭州: 浙江大学出版社.

乔叟. (2013). *坎特伯雷故事*. 黄杲炘译. 上海: 上海译文出版社.

任小云, 李玉婷, 毛伟宾, 耿秋晨. (2019). 情绪对连续事件定向遗忘的影响. *心理学报, 51*(3), 269-279. https://doi.org/10.3724/SP.J.1041.2019.00269

史美林. (2018). *社交媒体中社会比较对情绪的影响*. 宁波: 宁波大学.

史占彪, 张建新, 李春秋. (2005). 嫉妒的心理学研究进展. *中国临床心理学杂志, 1*, 122-125. doi:10.3969/j.issn.1005-3611.2005.01.043

苏珊・格林菲尔德. (2004). *大脑的故事: 打开我们情感、记忆、观念和欲望的内在世界*. 黄瑛译. 上海: 上海科学普及出版社.

王双双, 宋婧杰. (2017). 大学生自恋与嫉妒心理的关系. *中国健康心理学杂志, 25*(6), 867-872. https://doi.org/10.13342/j.cnki.cjhp.2017.06.019

翁超婷. (2023). *妒忌对项目记忆与情景记忆定向遗忘的影响*. 上海: 上海师范大学.

吴宝沛, 张雷. (2012). 妒忌: 一种带有敌意的社会情绪. *心理科学进展, 20*(9), 1467-1478. https://doi.org/10.3724/SP.J.1042.2012.01467

夏征农等. (2000). *辞海*(1999年版缩印本). 上海: 上海辞书出版社.

许慎. (1963). *说文解字(附检字)*. 北京: 中华书局.

亚理斯多德. (1991). *修辞学*. 罗念生译. 北京: 生活・读书・新知三联书店.

杨晨. (2020). *妒忌和自我控制的相关机制探究*. 南昌: 江西师范大学.

杨丽娟. (2009). *妒忌的内隐特性: 理论与实验*. 上海: 华东师范大学.

杨丽娟, 李铃芳, 张锦坤. (2019). 妒忌情绪下的定向遗忘效应: 基于情境模拟诱发. *心理与行为研究, 17*(3), 311-317. doi:10.3969/j.issn.1672-0628.2019.03.004

余秋雨等. (1999). *名家最新随笔选: 关于嫉妒*. 北京: 大众文艺出版社.

张建育. (2004). *大学生的嫉妒心理及其影响因素的研究*. 南昌: 江西师范大学.

郑涌, 黄藜. (2005). 显性自恋与隐性自恋: 自恋人格的心理学探析. *心理科学, 28*(5), 1259-1262. https://doi.org/10.16719/j.cnki.1671-6981.2005.05.064

中国社会科学院语言研究所词典编辑室. (2016). *现代汉语词典*(第 7 版). 北京: 商务印书馆.

Abell, L., & Brewer, G. (2018). Machiavellianism and schadenfreude in women's friendships. *Psychological Reports, 121*(5), 909-919. https://doi.org/10.1177/0033294117741652

Adler, A. (1931). *What Life Should Mean to You*. New York: Little, Brown and Company.

Ahn, S., Ha, Y., W., Jo, M., S., Kim, J., & Sarigollu, E. (2023). A cross-cultural study on envy premium: The role of mixed emotions of benign and malicious envies. *Current Psychology, 42*(4), 3362-3371. https://doi.org/10.1007/s12144-021-01679-7

Arnett, J. J. (2000). Emerging adulthood: A theory of development from the late teens through the twenties. *The American Psychologist, 55*(5), 469-480. https://doi.org/10.1037/0003-066X.55.5.469

Barch, D., Pagliaccio, D., Belden, A., Harms, M. P., Gaffrey, M., Sylvester, C. M., Tillman, R., & Luby, J. (2016). Effect of hippocampal and amygdala connectivity on the relationship between preschool poverty and school-age depression. *American Journal of Psychiatry, 173*(6), 625-634. https://doi.org/10.1176/appi.ajp.2015.15081014

Baron-Cohen, S., Leslie, A. M., & Frith, U. (1985). Does the autistic child have a "theory of mind"? *Cognition, 21*(1), 37-46. https://doi.org/10.1016/0010-0277(85)90022-8

Batson, C. D., & Shaw, L. L. (1991). Evidence for altruism: Toward a pluralism of prosocial motives. *Psychological Inquiry, 2*(2), 107-122. https://doi.org/10.1207/s15327965pli0202_1

Bauman, Z. (2004). *Work, Consumerism and the New Poor*. New York: McGraw-Hill.

Baumel, A., & Berant, E. (2015). The role of attachment styles in malicious envy. *Journal of Research in Personality, 55*, 1-9. https://doi.org/10.1016/j.jrp.2014.11.001

Bergeron, D. M. (2007). The potential paradox of organizational citizenship behavior: Good citizens at what cost? *Academy of Management Review, 32*(4), 1078-1095. https://doi.org/10.5465/amr.2007.26585791

Beyens, I., Pouwels, J. L., van Driel, I. I., Keijsers, L., & Valkenburg, P. M. (2020). The effect of social media on well-being differs from adolescent to adolescent. *Scientific Reports, 10*(1). https://doi.org/10.1038/s41598-020-67727-7

Beyens, I., Pouwels, J. L., van Driel, I. I., Keijsers, L., & Valkenburg, P. M. (2024). Social media use and adolescents' well-being: Developing a typology of person-specific effect patterns. *Communication Research*, *51*(6), 691-716. https://doi.org/10.1177/00936 502211038196

Bélanger, M., Allaman, I., & Magistretti, P. J. (2011). Brain energy metabolism: Focus on astrocyte-neuron metabolic cooperation. *Cell Metabolism*, *14*(6), 724-738. https://doi.org/10.1016/j.cmet. 2011.08.016

Biermann, M., Schulze, A., Vonderlin, R., Bohus, M., Lyssenko, L., Lis, S. (2023). Shame, self-disgust, and envy: An experimental study on negative emotional response in borderline personality disorder during the confrontation with the own face. *Frontiers in Psychiatry*, *14*, 1082785. https://doi.org/10.3389/fpsyt.2023.1082785

Biswal, B., Yetkin, F. Z., Haughton, V. M., & Hyde, J. S. (1995). Functional connectivity in the motor cortex of resting human brain using echo-planar MRI. *Magnetic Resonance in Medicine*, *34*(4), 537-541. https://doi.org/10.1002/mrm.1910340409

Blanton, H., Crocker, J., & Miller, D. T. (2000). The effects of in-group versus out-group social comparison on self-esteem in the context of a negative stereotype. *Journal of Experimental Social Psychology*, *36*(5), 519-530. https://doi.org/10.1006/jesp.2000.1425

Blumer, A., Ehrenfeucht, A., Haussler, D., & Warmuth, M. K. (1987). Occam's razor. *Information Processing Letters*, *24*(6), 377-380. https://doi.org/10.1016/0020-0190(87)90114-1

Bolló, H., Háger, D. R., Galvan, M., & Orosz, G. (2020). The role of subjective and objective social status in the generation of envy. *Frontiers in Psychology*, *11*, 513495. https://doi.org/10.3389/fpsyg.2020.513495

Bourdieu, P. (2018). The forms of capital. In M. Granovetter(Ed.), *The Sociology of Economic Life*(pp.78-92). 3rd. London: Routledge.

Brennan, K. A., Clark, C. L., & Shaver, P. R. (1998). Self-report measurement of adult attachment: An integrative overview. In J. A. Simpson & W. S. Rholes(Eds.), *Attachment Theory and Close Relationships*(pp.46-76). New York: The Guilford Press.

Brockington, G., Balardin, J. B., Morais, G. A. Z., Malheiros, A., Lent, R., Moura, L. M., & Sato, J. R. (2018). From the laboratory to the classroom: The potential of functional near-infrared spectroscopy in educational neuroscience. *Frontiers in Psychology*, *9*, 1840. https://doi.org/10. 3389/fpsyg.2018.01840

Brooks, A. W., Huang, K., Abi-Esber, N., Buell, R. W., Huang, L., & Hall, B. (2019). Mitigating malicious envy: Why successful individuals should reveal their failures. *Journal of Experimental Psychology*: *General*, *148*(4), 667-687. https://doi.org/10.1037/xge0000538

Burgis, L. (2021). *Wanting: The Power of Mimetic Desire in Everyday Life*. New York: St. Martin's Publishing Group.

Byrnes, N. K., & Hayes, J. E. (2016). Behavioral measures of risk tasking, sensation seeking and sensitivity to reward may reflect different motivations for spicy food liking and consumption.

Appetite, *103*, 411-422. https://doi.org/10.1016/j.appet.2016.04.037

Cacioppo, J. T., Klein, D. J., Berntson, G. G., & Hatfield, E. (1993). The psychophysiology of emotion. In M. Lewis & J. M. Haviland (Eds.), *Handbook of Emotions* (pp. 119-142). New York: The Guilford Press.

Cavallo, R. (2012). Fairness and welfare through redistribution when utility is transferable. *Proceedings of the Twenty-Sixth AAAI Conference on Artificial Intelligence*, Canada. https://doi.org/10.1609/aaai.v26i1.8263

Centers, R. (1949). *The Psychology of Social Classes.* Princeton: Princeton University Press.

Charles, S. T., & Carstensen, L. L. (2007). Emotion regulation and aging. In J. J. Gross(Ed.), *Handbook of Emotion Regulation*(pp.307-327). New York: The Guilford Press.

Charoensukmongkol, P. (2018). The impact of social media on social comparison and envy in teenagers: The moderating role of the parent comparing children and in-group competition among friends. *Journal of Child and Family Studies*, *27*(1), 69-79. https://doi.org/10.1007/ s10826-017-0872-8

Chen, Y., & Li, X. S. (2009). Group identity and social preferences. *American Economic Review*, *99*(1), 431-457. https://doi.org/10.1257/aer.99.1.431

Cheung, C. M. K., Chiu, P. Y., & Lee, M. K. O. (2011). Online social networks: Why do students use facebook? *Computers in Human Behavior*, *27*(4), 1337-1343. https://doi.org/ 10.1016/j.chb.2010.07.028

Cikara, M., & Fiske, S. T. (2011). Bounded empathy: Neural responses to outgroup targets'(mis) fortunes. *Journal of Cognitive Neuroscience*, *23*(12), 3791-3803. https://doi.org/10.1162/jocn_a_00069

Cikara, M., & Fiske, S. T. (2013). Their pain, our pleasure: Stereotype content and schadenfreude. *Annals of the New York Academy of Sciences*, *1299*, 52-59. https://doi.org/10. 1111/nyas.12179

Clanton, G., & Kosins, D. J. (1991). Developmental correlates of jealousy. In P. Salovey(Ed.), *The Psychology of Jealousy and Envy*(pp.132-147). New York: The Guilford Press.

Cohen-Charash, Y. (2009). Episodic envy. *Journal of Applied Social Psychology*, *39*(9), 2128-2173. https://doi.org/10.1111/j.1559-1816.2009.00519.x

Cole, D. A., Martin, N. C., & Steiger, J. H. (2005). Empirical and conceptual problems with longitudinal trait-state models: Introducing a trait-state-occasion model. *Psychological Methods*, *10*(1), 3-20. https://doi.org/10.1037/1082-989X.10.1.3

Colmekcioglu, N., Dedeoglu, B. B., & Okumus, F. (2023). Resolving the complexity in Gen Z's envy occurrence: A cross-cultural perspective. *Psychology & Marketing*, *40*(1), 48-72. https://doi.org/ 10.1002/mar.21745

Crusius, J., & Lange, J. (2014). What catches the envious eye? Attentional biases within malicious and benign envy. *Journal of Experimental Social Psychology*, *55*, 1-11. https://doi.org/10.1016/j.jesp.2014.05.007

Crusius, J., Gonzalez, M. F., Lange, J., & Cohen-Charash, Y. (2020). Envy: An adversarial review and comparison of two competing views. *Emotion Review*, *12*(1), 3-21. https://doi.org/10.1177/17540 73919873131

Cuddy, A. J. C., Fiske, S. T., & Glick, P. (2007). The BIAS map: Behaviors from intergroup affect and stereotypes. *Journal of Personality and Social Psychology*, *92*(4), 631-648. https://doi.org/10. 1037/0022-3514.92.4.631

de Spinoza, B. (2017). *The Ethics(Ethica ordine geometrico demonstrata)*. Translated by R. H. M. Elwes. Toronto: Aegitas.

Deary, I. J., Corley, J., Gow, A. J., Harris, S. E., Houlihan, L. M., Marioni, R. E., Penke, L., Rafnsson, S. B., & Starr, J. M. (2009). Age-associated cognitive decline. *British Medical Bulletin*, *92*(1), 135-152. https://doi.org/10.1093/bmb/ldp041

DelPriore, D. J., Hill, S. E., & Buss, D. M. (2012). Envy: Functional specificity and sex-differentiated design features. *Personality and Individual Differences*, *53*(3), 317-322. https://doi.org/10.1016/ j.paid.2012.03.029

Demirtas, O., Hannah, S. T., Gok, K., Arslan, A., & Capar, N. (2017). The moderated influence of ethical leadership, via meaningful work, on followers' engagement, organizational identification, and envy. *Journal of Business Ethics*, *145*(1), 183-199. https://doi.org/10.1007/s10551-015-2907-7

DeSteno, D. A., & Salovey, P. (1996). Jealousy and the characteristics of one's rival: A self-evaluation maintenance perspective. *Personality and Social Psychology Bulletin*, *22*(9), 920-932. doi:10. 1177/0146167296229006

Dholakia, U. M., Bagozzi, R. P., & Pearo, L. K. (2004). A social influence model of consumer participation in network- and small-group-based virtual communities. *International Journal of Research in Marketing*, *21*(3), 241-263. https://doi.org/10.1016/j.ijresmar.2003.12.004

Duffy, M. K., Shaw, J. D., & Schaubroeck, J. M. (2008). Envy in organizational life. In R. Smith(Ed.), *Envy: Theory and Research*(pp.167-189). Oxford: Oxford University Press.

Duffy, M. K., Scott, K. L., Shaw, J. D., Tepper, B. J., & Aquino, K. (2012). A social context model of envy and social undermining. *Academy of Management Journal*, *55*(3), 643-666. https://doi.org/ 10.5465/amj.2009.0804

Dvash, J., Gilam, G., Ben Ze'ev, A., Hendler, T., & Shamay-Tsoory, S. G. (2010). The envious brain: The neural basis of social comparison. *Human Brain Mapping*, *31*(11), 1741-1750. https://doi.org/ 10.1002/hbm.20972

Eisenberger, N. I., & Lieberman, M. D. (2004). Why rejection hurts: A common neural alarm system for physical and social pain. *Trends in Cognitive Sciences*, *8*(7), 294-300. https:// doi.org/10.1016/ j.tics.2004.05.010

Epstein, J. (2003). *Envy: The Seven Deadly Sins*(Vol.1). Oxford: Oxford University Press.

Epstein, S., Lipson, A., Holstein, C., & Huh, E. (1992). Irrational reactions to negative outcomes:

Evidence for two conceptual systems. *Journal of Personality and Social Psychology, 62*(2), 328-339. https://psycnet.apa.org/doi/10.1037/0022-3514.62.2.328

Erol, R. Y., & Orth, U. (2011). Self-esteem development from age 14 to 30 years: A longitudinal study. *Journal of Personality and Social Psychology, 101*(3), 607-619. doi:10.1037/a0024299

Erz, E., & Rentzsch, K. (2024). Stability and change in dispositional envy: Longitudinal evidence on envy as a stable trait. *European Journal of Personality, 38*(1), 67-84. https://doi.org/10.1177/0890 2070221128137

Eskine, K. J., Kacinik, N. A., & Prinz, J. J. (2011). A bad taste in the mouth: Gustatory disgust influences moral judgment. *Psychological Science, 22*(3), 295-299. https://doi.org/10.1177/095679761139 8497

Espín, A., Moreno-Herrero, D., Sánchez-Campillo, J., & Rodríguez-Martín, J. (2018). Do envy and compassion pave the way to unhappiness? Social preferences and life satisfaction in a Spanish city. *Journal of Happiness Studies, 19*(2), 443-469. https://doi.org/10.1007/s10902-016-9828-8

Etchegoyen, R. H., & Nemas, C. R. (2003). Salieri's dilemma: A counterpoint between envy and appreciation. *The International Journal of Psychoanalysis, 84*(1), 45-58. https:// onlinelibrary. wiley.com/doi/abs/10.1516/J414-BB2L-064R-7BBQ

Exline, J. J., Single, P. B., Lobel, M., & Geyer, A. L. (2004). Glowing praise and the envious gaze: Social dilemmas surrounding the public recognition of achievement. *Basic and Applied Social Psychology, 26*(2-3), 119-130. https://doi.org/10.1080/01973533.2004.9646400

Falco, A., Albinet, C., Rattat, A. C., Paul, I., & Fabre, E. (2019). Being the chosen one: Social inclusion modulates decisions in the ultimatum game. An ERP study. *Social Cognitive and Affective Neuroscience, 14*(2), 141-149. https://doi.org/10.1093/scan/nsy118

Farber, L. H. (1966). *The Ways of the Will: Essays Toward a Psychology and Psychopathology of Will.* New York: Basic Books.

Feng, W., Irina. Y. Y., Yang, M. X., & Yi, M. (2021). How being envied shapes tourists' relationships with luxury brands: A dual-mediation model. *Tourism Management, 86,* 104344. https://doi.org/ 10.1016/j.tourman.2021.104344

Festinger, L. (1954). A theory of social comparison processes. *Human Relations, 7*(2), 117-140. https://doi.org/10.1177/001872675400700202

Fiske, S. T., & Taylor, S. E. (1991). *Social Cognition*(2nd ed.). New York: McGraw-Hill.

Fiske, S. T., Cuddy, A. J. C., & Glick, P. (2007). First judge warmth, then competence: Fundamental social dimensions. *Trends in Cognitive Sciences, 11,* 77-83. https://doi.org/ 10.1037/0022-3514.92.4.631.

Fittipaldi, S., Armony, J. L., Migeot, J., Cadaveira, M., Ibáñez, A., & Baez, S. (2023). Overactivation of posterior insular, postcentral and temporal regions during preserved experience of envy in autism. *European Journal of Neuroscience, 57*(4), 705-717. https://doi.org/ 10.1111/ejn.15911

Fliessbach, K., Weber, B., Trautner, P., Dohmen, T., Sunde, U., Elger, C. E., & Falk, A. (2007). Social comparison affects reward-related brain activity in the human ventral striatum. *Science, 318*(5854), 1305-1308. https://doi.org/10.1126/science.1145876

Foster, G. M., Apthorpe, R. J., Bernard, H. R., Bock, B., Brogger, J., Brown, J. K., Cappannari, S. C., Cuisenier, J., D'Andrade, R. G., Faris, J., Freeman, S. T., Kolenda, P., MacCoby, M., Messing, S. D., Moreno-Navarro, I., Paddock, J., Reynolds, H. R., Ritchie, J. E., St. Erlich, V., ... Whiting, B. B. (1972). The anatomy of envy: A study in symbolic behavior(and comments and reply). *Current Anthropology, 13*(2), 165-202. https://doi.org/10.1086/201267

Franco-O'Byrne, D., Ibáñez, A., Santamaría-García, H., Patiño-Saenz, M., Idarraga, C., Pino, M., & Baez, S. (2021). Neuroanatomy of complex social emotion dysregulation in adolescent offenders. *Cognitive, Affective, & Behavioral Neuroscience, 21*(5), 1083-1100. https://doi.org/10.3758/s13 415-021-00903-y

Frank, R. H. (2001). *Luxury Fever: Why Money Fails to Satisfy in an Era of Excess*. New York: Simon and Schuster.

Freud, S. (1998). *Some Neurotic Mechanisms in Jealousy, Paranoia, and Homosexuality. Gender and Envy*. Abingdon: Routledge.

Frischen, A., Bayliss, A. P., & Tipper, S. P. (2007). Gaze cueing of attention: Visual attention, social cognition, and individual differences. *Psychological Bulletin, 133*(4), 694-724. https://psycnet. apa.org/doi/10.1037/0033-2909.133.4.694

Fromm, E. (2013). *To Have or to Be?* London: Bloomsbury Academic.

Fromm, E., & Anderson, L. A. (2017). *The Sane Society*. Abingdon: Routledge.

Gallagher, H. L., & Frith, C. D. (2003). Functional imaging of "theory of mind". *Trends in Cognitive Sciences, 7*(2), 77-83. https://doi.org/10.1016/S1364-6613(02)00025-6

Gallagher, H. L., Happé, F., Brunswick, N., Fletcher, P. C., Frith, U., & Frith, C. D. (2000). Reading the mind in cartoons and stories: An fMRI study of 'theory of mind' in verbal and nonverbal tasks. *Neuropsychologia, 38*(1), 11-21. https://doi.org/10.1016/s0028-3932(99)00053-6

Gallese, V., & Goldman, A. (1998). Mirror neurons and the simulation theory of mind-reading. *Trends in Cognitive Sciences, 2*(12), 493-501. https://doi.org/10.1016/S1364-6613(98)01262-5

Gao, W., Alcauter, S., Elton, A., Hernandez-Castillo, C. R., Smith, J. K., Ramirez, J., & Lin, W. L. (2015). Functional network development during the first year: Relative sequence and socioeconomic correlations. *Cerebral Cortex, 25*(9), 2919-2928. https://doi.org/10.1093/cercor/ bhu088

Gaviria, E., Quintanilla, L., & Navas, M. J. (2021). Influence of group identification on malicious and benign envy: A cross-sectional developmental study. *Frontiers in Psychology, 12*, 663735. https://doi.org/10.3389/fpsyg.2021.663735

Gibran, K. (2022). *Sand and Foam*. New York: Open Road Media.

Gilbert, D. T., Giesler, R. B., & Morris, K. A. (1995). When comparisons arise. *Journal of Personality and Social Psychology, 69*(2), 227-236. https://psycnet.apa.org/doi/10.1037/ 0022-3514.69.2.227

Gilovich, T., Jennings, D. L., & Jennings, S. (1983). Causal focus and estimates of consensus: An examination of the false-consensus effect. *Journal of Personality and Social Psychology, 45*(3), 550-559. https://doi.org/10.1037/0022-3514.45.3.550

Girard, R. (1961). *Mensonge Romantique et Vérité Romanesque*. Paris: Grasset.

Gittell, J. H., & Douglass, A. (2012). Relational bureaucracy: Structuring reciprocal relationships into roles. *Academy of Management Review, 37*(4), 709-733. https://doi.org/10.5465/amr. 2010.0438

Gold, B. T. (1996). Enviousness and its relationship to maladjustment and psychopathology. *Personality and Individual Differences, 21*(3), 311-321. https://doi.org/10.1016/0191-8869(96) 00081-5

Goldstein, J. M., Seidman, L. J., Horton, N. J., Makris, N., Kennedy, D. N., Caviness, V. S., Faraone, S. V., & Tsuang, M. T. (2001). Normal sexual dimorphism of the adult human brain assessed by in vivo magnetic resonance imaging. *Cerebral Cortex, 11*(6), 490-497. https://doi.org/10.1093/ cercor/11.6.490

Graham, C., & Ruiz Pozuelo, J. (2017). Happiness, stress, and age: How the U curve varies across people and places. *Journal of Population Economics, 30*(1), 225-264. https:// doi.org/10.1007/ s00148-016-0611-2

Greenwald, A. G., & Banaji, M. R. (1995). Implicit social cognition: Attitudes, self-esteem, and stereotypes. *Psychological Review, 102*(1), 4-27. https://psycnet.apa.org/doi/10.1037/0033-295X. 102.1.4

Habimana, E., & Massé, L. (2000). Envy manifestations and personality disorders. *European Psychiatry, 15*, 15-21. https://doi.org/10.1016/S0924-9338(00)00501-0

Han, S. Q., Zhan, Y. F., Zhang, L., & Mu, R. Y. (2022). You have received more help than I did and I envy you: A social comparison perspective on receiving help in the team. *International Journal of Environmental Research and Public Health, 19*(14), 8351. https://doi.org/10.3390/ijerph1914 8351

Harris, C. R., & Darby, R. S. (2010). Jealousy in adulthood. In S. L. Hart & M. Legerstee(Eds.), *Handbook of Jealousy: Theory, Research, and Multidisciplinary Approaches*(pp. 547-571). Hoboken: Blackwell Publishing Ltd. https://doi.org/10.1002/9781444323542.ch23

Harris, L. T., & Fiske, S. T. (2007). Social groups that elicit disgust are differentially processed in mPFC. *Social Cognitive and Affective Neuroscience, 2*(1), 45-51. https://doi.org/10.1093/ scan/nsl037

Heider, F. (1982). *The Psychology of Interpersonal Relations*. New York: Psychology Press.

Henagan, S. C., & Bedeian, A. G. (2009). The perils of success in the workplace: Comparison target responses to coworkers' upward comparison threat. *Journal of Applied Social Psychology, 39*(10),

2438-2468. https://doi.org/10.1111/j.1559-1816.2009.00533.x

Henniger, N. E., & Harris, C. R. (2015). Envy Across Adulthood: The what and the who. *Basic and Applied Social Psychology*, *37*, 303-318. https://doi.org/10.1080/01973533.2015.1088440

Hill, S. E., & Buss, D. M. (2006). Envy and positional bias in the evolutionary psychology of management. *Managerial and Decision Economics*, *27*(2-3), 131-143. https://doi.org/10.1002/mde.1288

Hill, S. E., DelPriore, D. J., & Vaughan, P. W. (2011). The cognitive consequences of envy: Attention, memory, and self-regulatory depletion. *Journal of Personality and Social Psychology*, *101*(4), 653-666. https://doi.org/10.1037/a0023904

Hogg, M. A., & Turner, J. C. (1987). Intergroup behaviour, self-stereotyping and the salience of social categories. *British Journal of Social Psychology*, *26*(4), 325-340. https://doi.org/ 10.1111/j.2044-8309.1987.tb00795.x

Homburg, C., Ehm, L., & Artz, M. (2015). Measuring and managing consumer sentiment in an online community environment. *Journal of Marketing Research*, *52*(5), 629-641. doi:10.1509/jmr.11.0448

Honderich, T. (2005). *The Oxford Companion to Philosophy* (2nd ed.). New York, NY: Oxford University Press.

Isbell, L. M., Rovenpor, D. R., & Lair, E. C. (2016). The impact of negative emotions on self-concept abstraction depends on accessible information processing styles. *Emotion*, *16*(7), 1040-1049. https://doi.org/10.1037/emo0000193

Izard, C. E. (1993). Four systems for emotion activation: Cognitive and noncognitive processes. *Psychological Review*, *100*(1), 68-90. https://doi.org/10.1037/0033-295X.100.1.68

James, W. (1890). The consciousness of self. In W. James(Ed.), *The Principles of Psychology*(vol.1, pp.291-401). New York: Henry Holt and Company.

Jordan, C., Vitoratou, S., Siew, Y., & Chalder, T. (2020). Cognitive behavioural responses to envy: Development of a new measure. *Behavioural and Cognitive Psychotherapy*, *48*(4), 408-418. https://doi.org/10.1017/S1352465819000614

Kang, J., & Liu, B. J. (2019). A similarity mindset matters on social media: Using algorithm-generated similarity metrics to foster assimilation in upward social comparison. *Social Media + Society*, *5*(4), 1-15. https://doi.org/10.1177/2056305119890884

Katz, E., Blumler, J., & Gurevitch, M. (1974). Uses and gratification theory. *Public Opinion Quarterly*, *37*(4), 509-523. https://doi.org/10.1086/268109

Kelley, N. J., Eastwick, P. W., Harmon-Jones, E., & Schmeichel, B. J. (2015). Jealousy increased by induced relative left frontal cortical activity. *Emotion*, *15*(5), 550-555. https://doi.org/10.1037/emo0000068

Kirkpatrick, C. E., & Lee, S. (2022). Comparisons to picture-perfect motherhood: How Instagram's idealized portrayals of motherhood affect new mothers' well-being. *Computers in Human Behavior*, *137*, 107417. https://doi.org/10.1016/j.chb.2022.107417

Klein, M. (1957). *Neid und Dankbarkeit(Envy and Gratitude)*. Stuttgart: Klett-Cotta.

Koroleva, K., Krasnova, H., Veltri, N. F., & Günther, O. (2011). It's all about networking! Empirical investigation of social capital formation on social network sites. *Thirty Second International Conference on Information Systems*, Shanghai. https://doi.org/10.7892/boris.47120

Krasnova, H., Wenninger, H., Widjaja, T., & Buxmann, P. (2013). Envy on Facebook: A hidden threat to users' life satisfaction? *11th International Conference on Wirtschaftsinformatik Proceedings*, Leipzig. https://aisel.aisnet.org/wi2013/92

Kruglanski, A. W., & Mayseless, O. (1990). Classic and current social comparison research: Expanding the perspective. *Psychological Bulletin*, *108*(2), 195-208. https://doi.org/10.1037/0033-2909.108.2.195

Kwon, M., Han, Y., & Nam, M. (2017). Envy takes you further: The influence of benign envy on risk taking. *Social Behavior and Personality: An International Journal*, *45*(1), 39-50. https://doi.org/10.2224/sbp.5977

Lange, J., & Crusius, J. (2015). Dispositional envy revisited: Unraveling the motivational dynamics of benign and malicious envy. *Personality and Social Psychology Bulletin*, *41*(2), 284-294. https://doi.org/10.1177/0146167214564959

Lange, J., Weidman, A. C., & Crusius, J. (2018). The painful duality of envy: Evidence for an integrative theory and a meta-analysis on the relation of envy and schadenfreude. *Journal of Personality and Social Psychology*, *114*(4), 572-598. https://doi.org/10.1037/pspi0000118

Lange, J., Fischer, A. H., & van Kleef, G. A. (2022). "You're just envious": Inferring benign and malicious envy from facial expressions and contextual information. *Emotion*, *22*(1), 64-80. https://psycnet.apa.org/ doi/10.1037/emo0001047

Lange, J., Dalege, J., Borsboom, D., van Kleef, G. A., & Fischer, A. H. (2020). Toward an integrative psychometric model of emotions. *Perspectives on Psychological Science*, *15*(2), 444-468. doi:10.1177/1745691619895057

Leahy, R. L. (2018). *The Jealousy Cure: Learn to Trust, Overcome Possessiveness, and Save Your Relationship*. Oakland: New Harbinger Publications.

Leahy, R. L. (2021). Cognitive-behavioral therapy for envy. *Cognitive Therapy and Research*, *45*(3), 418-427. https://doi.org/10.1007/s10608-020-10135-y

Leary, M. R. (2005). Sociometer theory and the pursuit of relational value: Getting to the root of self-esteem. *European Review of Social Psychology*, *16*(1), 75-111. https://doi.org/10.1080/ 10463280540000007

Leary, M. R., & Tangney, J. P. (2003). The self as an organizing construct in the behavioral and social sciences. In M. R. Leary, & J. P. Tangney(Eds.), *Handbook of Self and Identity*(2nd ed., pp.1-18).

New York: The Guilford Press.

Leary, M. R., Cottrell, C. A., & Phillips, M. (2001). Deconfounding the effects of dominance and social acceptance on self-esteem. *Journal of Personality and Social Psychology*, *81*(5), 898-909. https://doi.org/10.1037/0022-3514.81.5.898

Lebreton, M., Kawa, S., d'Arc, B. F., Daunizeau, J., & Pessiglione, M. (2012). Your goal is mine: Unraveling mimetic desires in the human brain. *The Journal of Neuroscience*, *32*(21), 7146-7157. https://doi.org/10.1523/JNEUROSCI.4821-11.2012

Lee, K., Duffy, M. K., Scott, K. L., & Schippers, M. C. (2018). The experience of being envied at work: How being envied shapes employee feelings and motivation. *Personnel Psychology*, *71*(2), 181-200. https://doi.org/10.1111/peps.12251

Leman, K. (2009). *The Birth Order Book: Why You Are the Way You Are*. New York: Revell.

Li, M. M., Xu, X. F., & Kwan, H. K. (2023). The antecedents and consequences of workplace envy: A meta-analytic review. *Asia Pacific Journal of Management*, *40*(1), 1-35. https://doi.org/10.1007/s10490-021-09772-y

Li, X. J., Tu, L. P., & Jiang, X. S. (2022). Childhood maltreatment affects depression and anxiety: The mediating role of benign envy and malicious envy. *Frontiers in Psychiatry*, *13*, 924795. https://doi.org/10.3389/fpsyt.2022.924795

Lin, H. Y., & Liang, J. F. (2021). ERP effects of malicious envy on schadenfreude in gain and loss frames. *Frontiers in Human Neuroscience*, *15*, 663055. https://doi.org/10.3389/fnhum.2021.663055

Lin, R. Y. (2018). Silver lining of envy on social media? The relationships between post content, envy type, and purchase intentions. *Internet Research*, *28*(4), 1142-1164. https://doi.org/10.1108/IntR-05-2017-0203

Lin, R. Y., & Utz, S. (2015). The emotional responses of browsing Facebook: Happiness, envy, and the role of tie strength. *Computers in Human Behavior*, *52*, 29-38. https://doi.org/10.1016/j.chb.2015.04.064

Lin, R. Y., van de Ven, N., & Utz, S. (2018). What triggers envy on social network sites? A comparison between shared experiential and material purchases. *Computers in Human Behavior*, *85*, 271-281. https://doi.org/10.1016/j.chb.2018.03.049

Ling, Y., Gao, B., Jiang, B., Fu, C. Q., & Zhang, J. (2023). Materialism and envy as mediators between upward social comparison on social network sites and online compulsive buying among college students. *Frontiers in Psychology*, *14*, 1085344. https://doi.org/10.3389/fpsyg.2023.1085344

Liu, H. H., Liu, Z. N., Liang, M., Hao, Y. H., Tan, L. H., Kuang, F., Yi, Y. H., Xu, L., & Jiang, T. Z. (2006). Decreased regional homogeneity in schizophrenia: A resting state functional magnetic resonance imaging study. *Neuroreport*, *17*(1), 19-22. https://doi.org/10.1097/01.wnr.0000195666.22714.35

Lockwood, P., & Kunda, Z. (1997). Superstars and me: Predicting the impact of role models on the self.

Journal of Personality and Social Psychology, *73*(1), 91-103. https://doi.org/ 10.1037/0022-3514.73.1.91

Luo, Y., Eickhoff, S. B., Hétu, S., & Feng, C. L. (2018). Social comparison in the brain: A coordinate-based meta-analysis of functional brain imaging studies on the downward and upward comparisons. *Human Brain Mapping*, *39*(1), 440-458. https://doi.org/10.1002/hbm.23854

Machiavelli, N. (2019). *Machiavelli: The Prince*. Cambridge: Cambridge University Press. https://doi.org/10.1017/9781316536223

Mah, L., Arnold, M. C., & Grafman, J. (2004). Impairment of social perception associated with lesions of the prefrontal cortex. *The American Journal of Psychiatry*, *161*(7), 1247-1255. https://doi.org/10.1176/appi.ajp.161.7.1247

McCullough, M. E., Emmons, R. A., Tsang, J. A. (2002). The grateful disposition: A conceptual and empirical topography. *Journal of Personality and Social Psychology*, *82*(1), 112-127. https://psycnet.apa.org/record/2001-05824-010

McCullough, M. E., Kilpatrick, S. D., Emmons, R. A., & Larson, D. B. (2001). Is gratitude a moral affect? *Psychological Bulletin*, *127*(2), 249-266. https://doi.org/10.1037/0033-2909.127.2.249

McDonald, B., Becker, K., Meshi, D., Heekeren, H. R., & von Scheve, C. (2020). Individual differences in envy experienced through perspective-taking involves functional connectivity of the superior frontal gyrus. *Cognitive, Affective, & Behavioral Neuroscience*, *20*(4), 783-797. https://doi.org/10.3758/s13415-020-00802-8

McFarland, C., & Buehler, R. (1995). Collective self-esteem as a moderator of the frog-pond effect in reactions to performance feedback. *Journal of Personality and Social Psychology*, *68*(6), 1055-1070. https://psycnet.apa.org/doi/10.1037/0022-3514.68.6.1055

Miceli, M., & Castelfranchi, C. (2007). The envious mind. *Cognition & Emotion*, *21*(3), 449-479. https://doi.org/10.1080/02699930600814735

Mishra, P. (2012). Wicked justice: Differentiating between unfairness and envy. *Academy of Management Proceedings*, (1), 17817. https://doi.org/10.5465/AMBPP.2012.306

Moore, M., Shafer, A. T., Bakhtiari, R., Dolcos, F., & Singhal, A. (2019). Integration of spatio-temporal dynamics in emotion-cognition interactions: A simultaneous fMRI-ERP investigation using the emotional oddball task. *NeuroImage*, *202*, 116078. https://doi.org/10.1016/j.neuroimage.2019.116078

Morgan, C. L. (1903). *An Introduction to Comparative Psychology* (2nd ed.). London : Walter Scott Publishing.

Mujcic, R., & Oswald, A. J. (2018). Is envy harmful to a society's psychological health and wellbeing? A longitudinal study of 18, 000 adults. *Social Science & Medicine*, *198*, 103-111. https://doi.org/10.1016/j.socscimed.2017.12.030

Navarro-Carrillo, G., Beltrán-Morillas, A. M., Valor-Segura, I., & Expósito, F. (2017). What is behind envy? Approach from a psychosocial perspective. *International Journal of Social Psychology*, 32(2), 217-245. https://doi.org/10.1080/ 02134748.2017.1297354

Nesdale, D., & Flesser, D. (2001). Social identity and the development of children's group attitudes. *Child Development*, *72*(2), 506-517. https://doi.org/10.1111/1467-8624.00293

Neufeld, D. C., & Johnson, E. A. (2016). Burning with envy? Dispositional and situational influences on envy in grandiose and vulnerable narcissism. *Journal of Personality*, *84*(5), 685-696. https://doi.org/10.1111/jopy.12192

Ng, J. C. K., Cheung, V. W. T., & Lau, V. C. Y. (2019). Unpacking the differential effects of dispositional envy on happiness among adolescents and young adults: The mediated moderation role of self-esteem. *Personality and Individual Differences*, *149*, 244-249. https://doi.org/10.1016/j.paid.2019.06.011

Ng, J. C. K., Au, A. K. Y., Wong, H. S. M., Sum, C. K. M., & Lau, V. C. Y. (2021). Does dispositional envy make you flourish more(or less)in life? An examination of its longitudinal impact and mediating mechanisms among adolescents and young adults. *Journal of Happiness Studies*, *22*(3), 1089-1117. https://doi.org/10.1007/s10902-020-00265-1

Noon, E. J., & Meier, A. (2019). Inspired by friends: Adolescents' network homophily moderates the relationship between social comparison, envy, and inspiration on Instagram. *Cyberpsychology, Behavior, and Social Networking*, *22*(12), 787-793. https://doi.org/10. 1089/cyber.2019.0412

Nuttin, J. M. (1985). Narcissism beyond Gestalt and awareness: The name letter effect. *European Journal of Social Psychology*, *15*(3), 353-361. https://doi.org/10.1002/ejsp.2420150309

Oatley, K., & Johnson-Laird, P. N. (1987). Towards a cognitive theory of emotions. *Cognition and Emotion*, *1*(1), 29-50. https://doi.org/10.1080/02699938708408362

O'Brien, E., Kristal, A. C., Ellsworth, P. C., & Schwarz, N. (2018). (Mis)imagining the good life and the bad life: Envy and pity as a function of the focusing illusion. *Journal of Experimental Social Psychology*, *75*, 41-53. https://doi.org/10.1016/j.jesp.2017.10.002

Ormel, J., von Korff, M., Jeronimus, B. F., & Riese, H. (2017). Set-point theory and personality development: Reconciliation of a paradox. In J. Specht(Ed.), *Personality Development Across the Lifespan*(pp.117-137). New York: Academic Press.

Parrott, W. G. (1988). The role of cognition in emotional experience. In W. J. Baker, L. P. Mos, H. V. Rappard, & H. J. Stam(Eds.), *Recent Trends in Theoretical Psychology*(pp.327-337). New York: Springer.

Parrott, W. G. (2016). The benefits and threats from being envied in organizations. In R. H. Smith, U. Merlone, & M. K. Duffy(Eds.), *Envy at Work and in Organizations*(pp.455-474). Oxford: Oxford University Press.

Parrott, W. G., & Smith, R. H. (1993). Distinguishing the experiences of envy and jealousy. *Journal of Personality and Social Psychology*, *64*(6), 906-920. https://doi.org/10.1037/0022-3514.64.6.906

Pfabigan, D. M., Seidel, E. M., Sladky, R., Hahn, A., Paul, K., Grahl, A., Küblböck, M., Kraus, C., Hummer, A., Kranz, G. S., Windischberger, C., Lanzenberger, R., & Lamm, C. (2014). P300 amplitude variation is related to ventral striatum BOLD response during gain and loss anticipation: An EEG and fMRI experiment. *NeuroImage*, *96*, 12-21. https://doi.org/10.1016/j.neuroimage. 2014.03.077

Plutchik, R. (1982). A psychoevolutionary theory of emotions. *Social Science Information*, *21*(4-5), 529-553. https://psycnet.apa.org/doi/10.1177/053901882021004003

Poon, K. T., & Teng, F. (2017). Feeling unrestricted by rules: Ostracism promotes aggressive responses. *Aggressive Behavior*, *43*(6), 558-567. https://doi.org/10.1002/ab.21714

Poon, K. T., To, N., Lo, W. Y., Wong, N. H. L., Jiang, Y. F., & Chan, R. S. W. (2023). Green with envy: Ostracism increases aggressive tendencies. *Current Psychology*, *42*, 32314-32323. https://doi.org/ 10.1007/s12144-022-04221-5

Porter, N. (1913). *Webster's Revised Unabridged Dictionary*. Springfield: G. & C. Merriam Company.

Protasi, S. (2016). Varieties of envy. *Philosophical Psychology*, *29*(4), 535-549. https://doi.org/ 10.1080/09515089.2015.1115475

Puranik, H., Koopman, J., Vough, H. C., & Gamache, D. L. (2019). They want what I've got(I think): The causes and consequences of attributing coworker behavior to envy. *Academy of Management Review*, *44*(2), 424-449. https://doi.org/10.5465/amr.2016.0191

Quintanilla, L., & de López, K. J. (2013). The niche of envy: Conceptualization, coping strategies, and the ontogenesis of envy in cultural psychology. *Culture & Psychology*, *19*(1), 76-94. https://doi. org/10.1177/1354067X12464980

Quintanilla, L., & Giménez-Dasí, M. (2017). Children's understanding of depreciation in scenarios of envy and modesty. *European Journal of Developmental Psychology*, *14*(3), 281-294. https://doi. org/10.1080/17405629.2016.1200029

Reh, S., Tröster, C., & van Quaquebeke, N. (2018). Keeping(future)rivals down: Temporal social comparison predicts coworker social undermining via future status threat and envy. *Journal of Applied Psychology*, *103*(4), 399-415. https://doi.org/10.1037/apl0000281

Ren, M. H., Zou, S. Q., Wang, J., Zhang, R. T., & Ding, D. Q. (2023). Subjective socioeconomic status and envy in Chinese collectivist culture: The role of sense of control. *Journal of Psychology in Africa*, *33*(1), 17-25. https://doi.org/10.1080/14330237.2023. 2175986

Rengifo, M., & Laham, S. M. (2022). Careful what you wish for: The primary role of malicious envy in predicting moral disengagement. *Motivation and Emotion*, *46*(5), 674-688. https://doi.org/ 10.1007/s11031-022-09973-y

Rentzsch, K., & Gross, J. J. (2015). Who turns green with envy? Conceptual and empirical perspectives on dispositional envy. *European Journal of Personality*, *29*(5), 530-547. https://psycnet.apa.org/ doi/10.1002/per.2012

Rodriguez Mosquera, P. M., Parrott, W. G., & Hurtado de Mendoza, A. (2010). I fear your envy, I rejoice in your coveting: On the ambivalent experience of being envied by others. *Journal of Personality and Social Psychology*, 99(5), 842-854. https://psycnet.apa.org/doi/10.1037/a0020965

Romani, S., Grappi, S., & Bagozzi, R. P. (2016). The bittersweet experience of being envied in a consumption context. *European Journal of Marketing*, 50(7-8), 1239-1262. https://doi.org/10. 1108/EJM-03-2015-0133

Rosenberg, E. L. (1998). Levels of analysis and the organization of affect. *Review of General Psychology*, 2(3), 247-270. https://doi.org/10.1037/1089-2680.2.3.247

Rosenberg, M. (1965). The measurement of self-esteem. In M. Rosenberg(Ed.), *Society and the Adolescent Self-Image*(pp.16-36). Princeton: Princeton University Press.

Russell, B. (2015). *The Conquest of Happiness*. London: Routledge.

Ryan, T., Chester, A., Reece, J., & Xenos, S. (2014). The uses and abuses of Facebook: A review of Facebook addiction. *Journal of Behavioral Addictions*, 3(3), 133-148. https://doi.org/10.1556/jba. 3.2014.016

Saarni, C., & Weber, H. (1999). Emotional displays and dissemblance in childhood: Implications for self-presentation. In P. Philippot, R. Feldman, & E. Coats(Eds.), *The Social Context of Nonverbal Behavior*(pp.71-105). Cambridge: Cambridge University Press.

Sagioglou, C., & Greitemeyer, T. (2014). Bitter taste causes hostility. *Personality and Social Psychology Bulletin*, 40(12), 1589-1597. https://doi.org/10.1177/0146167214552792

Salovey, P., & Rodin, J. (1984). Some antecedents and consequences of social-comparison jealousy. *Journal of Personality and Social Psychology*, 47(4), 780-792. https://doi.org/ 10.1037/0022-3514.47.4.780

Salovey, P., & Rodin, J. (1991). Provoking jealousy and envy: Domain relevance and self-esteem threat. *Journal of Social and Clinical Psychology*, 10(4), 395-413. https://doi.org/10.1521/jscp.1991. 10.4.395

Santamaría-García, H., Baez, S., Reyes, P., Santamaría-García, J. A., Santacruz-Escudero, J. M., Matallana, D., Arévalo, A., Sigman, M., García, A. M., & Ibáñez, A. (2017). A lesion model of envy and Schadenfreude: Legal, deservingness and moral dimensions as revealed by neurodegeneration. *Brain*, 140(12), 3357 3377. https://doi.org/ 10.1093/brain/awx269

Sayers, D. L. (2011). *The Zeal of Thy House*. Oregon: Wipf and Stock Publishers.

Schaubroeck, J., & Lam, S. S. K. (2004). Comparing lots before and after: Promotion rejectees' invidious reactions to promotees. *Organizational Behavior and Human Decision Processes*, 94(1), 33-47. https://doi.org/10.1016/j.obhdp.2004.01.001

Scherer, K. R. (2021). Evidence for the existence of emotion dispositions and the effects of appraisal bias. *Emotion*, 21(6), 1224-1238. https://psycnet.apa.org/doi/10.1037/emo0000861

Schoeck, H. E. (1969). *Envy: A Theory of Social Behaviour*. London: Seeker & Warburg.

Schreurs, L., Meier, A., & Vandenbosch, L. (2023). Exposure to the positivity bias and adolescents' differential longitudinal links with social comparison, inspiration and envy depending on social media literacy. *Current Psychology*, *42*(32), 28221-28241. https://doi.org/10.1007/s12144-022-03893-3

Scott, K. L., & Duffy, M. K. (2015). Antecedents of workplace ostracism: New directions in research and intervention. In P. L. Perrewé, J. R. B. Halbesleben, & C. C. Rosen(Eds.), *Mistreatment in Organizations*(pp.137-165). Leeds: Emerald Group Publishing.

Shamay-Tsoory, S. G. (2008). Recognition of"fortune of others"emotions in asperger syndrome and high functioning autism. *Journal of Autism and Developmental Disorders*, *38*(8), 1451-1461. https://doi.org/10.1007/s10803-007-0515-9

Shamay-Tsoory, S. G., Tibi-Elhanany, Y., & Aharon-Peretz, J. (2007). The green-eyed monster and malicious joy: The neuroanatomical bases of envy and gloating(schadenfreude). *Brain*, *130*, 1663-1678. https://doi.org/10.1093/brain/awm093

Shamay-Tsoory, S. G., Fischer, M., Dvash, J., Harari, H., Perach-Bloom, N., & Levkovitz, Y. (2009). Intranasal administration of oxytocin increases envy and schadenfreude(gloating). *Biological Psychiatry*, *66*(9), 864-870. https://doi.org/10.1016/j.biopsych. 2009.06.009

Shiffrin, R. M., & Schneider, W. (1977). Controlled and automatic human information processing: II. Perceptual learning, automatic attending and a general theory. *Psychological Review*, *84*(2), 127-190. https://doi.org/10.1037/0033-295X.84.2.127

Silver, M., & Sabini, J. (1978). The perception of envy. *Social Psychology*, *41*(2), 105-117. https://doi.org/10.2307/3033570

Simpson, J. A. (1989). *The Oxford English Dictionary*(2nd ed.). Oxford: Oxford University Press.

Smallets, S., Streamer, L., Kondrak, C. L., & Seery, M. D. (2016). Bringing you down versus bringing me up: Discrepant versus congruent high explicit self-esteem differentially predict malicious and benign envy. *Personality and Individual Differences*, *94*, 173-179. https://doi.org/10.1016/j.paid. 2016.01.007

Smith, E. R., & DeCoster, J. (2000). Dual-process models in social and cognitive psychology: Conceptual integration and links to underlying memory systems. *Personality and Social Psychology Review*, *4*(2), 108-131. https://psycnet.apa.org/doi/10.1207/S15327957PSPR0402_01

Smith, R. H. (2000). Assimilative and contrastive emotional reactions to upward and downward social comparisons. In J. Suls, & L. Wheeler(Eds.), *Handbook of Social Comparison*: *Theory and Research*(pp.173-200). Boston: Springer.

Smith, R. H. (2004). Envy and its transmutations. In L. Z. Tiedens & C. W. Leach(Eds.), *The Social Life of Emotions*: *Studies in Emotion and Social Interaction*(1st ed., pp.43-63). Cambridge: Cambridge University Press. https://doi.org/10.1017/CBO9780511819568.004

Smith, R. H., & Kim, S. H. (2007). Comprehending envy. *Psychological Bulletin*, *133*(1), 46-64.

https://doi.org/10.1037/0033-2909.133.1.46

Smith, R. H., & van Dijk, W. W. (2018). Schadenfreude and gluckschmerz. *Emotion Review*, *10*(4), 293-304. https://doi.org/10.1177/1754073918765657

Smith, R. H., Parrott, W. G., Diener, E. F., Hoyle, R. H., & Kim, S. H. (1999). Dispositional envy. *Personality and Social Psychology Bulletin*, *25*(8), 1007-1020. https://doi.org/10.1177/014616 72992511008

Smith, S. M., Handy, J. D., Hernandez, A., & Jacoby, L. L. (2018). Context specificity of automatic influences of memory. *Journal of Experimental Psychology: Learning, Memory, and Cognition*, *44*(10), 1501-1513. https://doi.org/10.1037/xlm0000523

Soesilo, P. K. M., Morrin, M. L., & Onuklu, N. N. Y. (2021). No longer green with envy: Objectifying and destroying negative consumer emotions. *Journal of Consumer Affairs*, *55*(3), 1111-1138. https://doi.org/10.1111/joca.12397

Springer, P. J., Corbett, C., & Davis, N. (2006). Enhancing evidence-based practice through collaboration. *The Journal of Nursing Administration*, *36*(11), 534-537. https://doi.org/10.1097/ 00005110-200611000-00009

Stapel, D. A., & Koomen, W. (2001). I, we, and the effects of others on me: How self-construal level moderates social comparison effects. *Journal of Personality and Social Psychology*, *80*(5), 766-781. https://psycnet.apa.org/doi/10.1037/0022-3514.80.5.766

Steinbeis, N., & Singer, T. (2013). The effects of social comparison on social emotions and behavior during childhood: The ontogeny of envy and Schadenfreude predicts developmental changes in equity-related decisions. *Journal of Experimental Child Psychology*, *115*(1), 198-209. https://doi. org/10.1016/j.jecp.2012.11.009

Steinbeis, N., & Singer, T. (2014). Projecting my envy onto you: Neurocognitive mechanisms of an offline emotional egocentricity bias. *NeuroImage*, *102*, 370-380. https://doi.org/10.1016/j. neuroimage.2014.08.007

Stinson, D. A., Logel, C., Holmes, J. G., Wood, J. V., Forest, A. L., Gaucher, D., Fitzsimons, G. M., & Kath, J. (2010). The regulatory function of self-esteem: Testing the epistemic and acceptance signaling systems. *Journal of Personality and Social Psychology*, *99*(6), 993-1013. https://psycnet. apa.org/doi/10.1037/a0020310

Stone, A., Schwartz, J., Broderick, J., & Deaton, A. (2010). A snapshot of the age distribution of psychological well-being in the United States. *Proceedings of the National Academy of Sciences of the United States of America*, *107*, 9985-9990. https://doi.org/10.1073/ pnas.1003744107

Swami, V., Inamdar, S., Stieger, S., Nader, I. W., Pietschnig, J., Tran, U. S., & Voracek, M. (2012). A dark side of positive illusions? Associations between the love-is-blind bias and the experience of jealousy. *Personality and Individual Differences*, *53*(6), 796-800. https://doi.org/10.1016/j.paid. 2012.06.004

Swann, W. B. (2012). Self-verification theory. In P. A. M. van Lange, A. W. Kruglanski, & E. T. Higgins(Eds.), *Handbook of Theories of Social Psychology*(Vol.2, pp.23-42). London: Sage.

Tafarodi, R. W., & Swann, W. B. (1995). Self-linking and self-competence as dimensions of global self-esteem: Initial validation of a measure. *Journal of Personality Assessment*, *65*(2), 322-342. https://doi.org/10.1207/s15327752jpa6502_8

Takahashi, H., Kato, M., Matsuura, M., Mobbs, D., Suhara, T., & Okubo, Y. (2009). When your gain is my pain and your pain is my gain: Neural correlates of envy and schadenfreude. *Science*, *323*(5916), 937-939. https://doi.org/10.1126/science.1165604

Tanaka, T., Nishimura, F., Kakiuchi, C., Kasai, K., Kimura, M., & Haruno, M. (2019). Interactive effects of OXTR and GAD1 on envy-associated behaviors and neural responses. *PLoS One*, *14*(1), e0210493. https://doi.org/10.1371/journal.pone.0210493

Tesser, A., & Campbell, J. (1982). Self-evaluation maintenance and the perception of friends and strangers. *Journal of Personality*, *50*(3), 261-279. https://doi.org/10.1111/j.1467-6494.1982.tb00750.

Tesser, A., & Collins, J. E. (1988). Emotion in social reflection and comparison situations: Intuitive, systematic, and exploratory approaches. *Journal of Personality and Social Psychology*, *55*(5), 695-709. https://doi.org/10.1037/0022-3514.55.5.695

Testa, C. (1990). At the expense of life: Death by desire in Balzac, Bataille, and Goethe's faust. *The Comparatist*, 14, 44-61.

Tomarken, A. J., & Davidson, R. J. (1994). Frontal brain activation in repressors and nonrepressors. *Journal of Abnormal Psychology*, *103*(2), 339-349. https://doi.org/10.1037/0021-843X.103.2.339

Tricomi, E., Rangel, A., Camerer, C. F., O'Doherty, J. P. (2010). Neural evidence for inequality-averse social preferences. *Nature*, *463*, 1089-1091. doi:10.1038/nature08785

Tversky, A., & Kahneman, D. (1981). The framing of decisions and the psychology of choice. *Science*, *211*(4481), 453-458. https://doi.org/10.1126/science.7455683

Valkenburg, P. M., & Oliver, M. B. (2019). Media effects: An overview. In J. Bryant, A. Raney, & M. B. Oliver(Eds.), *Media Effects*: *Advances in Theory and Research*(4th ed., pp.16-35). New York: Routledge.

Valkenburg, P. M., Beyens, I., Pouwels, J. L., van Driel, I. I., & Keijsers, L. (2022). Social media browsing and adolescent well-being: Challenging the "passive social media use hypothesis". *Journal of Computer-Mediated Communication*, *27*(1), zmab015. https://doi.org/10.1093/jcmc/zmab015

van Beilen, M., Bult, H., Renken, R., Stieger, M., Thumfart, S., Cornelissen, F., & Kooijman, V. (2011). Effects of visual priming on taste-odor interaction. *PLoS One*, *6*(9), e23857. https://doi.org/10.1371/journal.pone.0023857

van Boven, L., & Gilovich, T. (2003). To do or to have? That is the question. *Journal of Personality and Social Psychology, 85*(6), 1193-1202. https://doi.org/10.1037/0022-3514.85. 6.1193

van de Ven, N., Zeelenberg, M., & Pieters, R. (2009). Leveling up and down: The experiences of benign and malicious envy. *Emotion, 9*(3), 419-429. https://doi.org/10. 1037/a0015669

van de Ven, N., Zeelenberg, M., & Pieters, R. (2010). Warding off the evil eye: When the fear of being envied increases prosocial behavior. *Psychological Science, 21*(11), 1671-1677. https://psycnet. apa.org/doi/10.1177/0956797610385352

van de Ven, N., Zeelenberg, M., & Pieters, R. (2011). The envy premium in product evaluation. *Journal of Consumer Research, 37*(6), 984-998. https://psycnet.apa.org/doi/ 10.1086/657239

van de Ven, N., Zeelenberg, M., & Pieters, R. (2012). Appraisal patterns of envy and related emotions. *Motivation and Emotion, 36*(2), 195-204. https://doi.org/10.1007/s11031-011-9235-8

van Veen, V., Krug, M. K., Schooler, J. W., & Carter, C. S. (2009). Neural activity predicts attitude change in cognitive dissonance. *Nature Neuroscience, 12*(11), 1469-1474. https://doi.org/10.1038/ nn.2413

Vecchio, R. (2005). Explorations in employee envy: Feeling envious and feeling envied. *Cognition & Emotion, 19*(1), 69-81. https://doi.org/10.1080/02699930441000148

Vogt, J., de Houwer, J., Moors, A., van Damme, S., & Crombez, G. (2010). The automatic orienting of attention to goal-relevant stimuli. *Acta Psychologica, 134*(1), 61-69. https://doi.org/10.1016/j. actpsy.2009.12.006

Wallace, K. J. (2007). Classification of ecosystem services: Problems and solutions. *Biological Conservation, 139*(3-4), 235-246. https://doi.org/10.1016/j.biocon.2007.07.015

Wallace, L., James, T. L., & Warkentin, M. (2017). How do you feel about your friends? Understanding situational envy in online social networks. *Information & Management, 54*(5), 669-682. https://doi.org/10.1016/j.im.2016.12.010

Wang, T., Thai, T. D. H., Yeh, R. K. J., & Fadic, C. T. (2024). Unveiling the effect of benign and malicious envy toward social media influencers on brand choice. *Journal of Research in Interactive Marketing, 18*(2), 275-293. https://doi.org/10.1108/JRIM-11-2022-0335

Weiss, H. M., & Cropanzano, R. (1996). Affective events theory: A theoretical discussion of the structure, causes and consequences of affective experiences at work. In B. M. Staw & L. L. Cummings(Eds.), *Research in Organizational Behavior: An Annual Series of Analytical Essays and Critical Reviews*(pp.1-74). Amsterdam: Elsevier Science.

Wenninger, H., Cheung, C. M., & Krasnova, H. (2019). College-aged users behavioral strategies to reduce envy on social networking sites: A cross-cultural investigation. *Computers in Human Behavior, 97*, 10-23. https://doi.org/10.1016/j.chb.2019.02.025

Williams, K. D., Cheung, C. K., & Choi, W. (2000). Cyberostracism: Effects of being ignored over the Internet. *Journal of Personality and Social Psychology, 79*(5), 748-762. https://psycnet.apa.org/ doi/10.1037/0022-3514.79.5.748

Williams, L. A., & DeSteno, D. (2009). Pride: Adaptive social emotion or seventh sin? *Psychological Science, 20*(3), 284-288. https://doi.org/10.1111/j.1467-9280.2009.02292.x

Wilson, T. D., Lindsey, S., & Schooler, T. Y. (2000). A model of dual attitudes. *Psychological Review, 107*(1), 101-126. https://psycnet.apa.org/doi/10.1037/0033-295X.107.1.101

Wimsatt, W. (1976). Reductionism, levels of organization, and the mind-body problem. In G. G. Globus, G. Maxwell, & I. Savodnik(Eds.), *Consciousness and the Brain*: *A Scientific and Philosophical Inquiry*(pp.205-267). New York: Plenum Press.

Xiang, Y. H., & Yuan, R. (2021). Why do people with high dispositional gratitude tend to experience high life satisfaction? A broaden-and-build theory perspective. *Journal of Happiness Studies, 22*(6), 2485-2498. https://doi.org/10.1007/s10902-020-00310-z

Xiang, Y. H., & Zhou, Y. (2024). Bidirectional relations between altruistic tendency and benign/malicious envy among adolescents: A longitudinal study and weekly diary study. *Development and Psychopathology, 36*(2), 765-773. https://doi.org/10.1017/S0954579423000044

Xiang, Y. H., Chao, X. M., & Ye, Y. Y. (2018). Effect of gratitude on benign and malicious envy: The mediating role of social support. *Frontiers in Psychiatry, 9*, 139. https://doi:10.3389/fpsyt.2018.00139

Xiang, Y. H., Kong, F., Wen, X., Wu, Q. H., & Mo, L. (2016). Neural correlates of envy: Regional homogeneity of resting-state brain activity predicts dispositional envy. *NeuroImage, 142*, 225-230. https://doi.org/10.1016/j.neuroimage.2016.08.003

Xiang, Y. H., Zhao, S. S., Wang, H. L., Wu, Q. H., Kong, F., & Mo, L. (2017). Examining brain structures associated with dispositional envy and the mediation role of emotional intelligence. *Scientific Reports, 7*, 39947. https://doi.org/10.1038/srep39947

Xu, G. S., Shen, Y., Ji, S. H, & Xing, Q. H. (2021). Knowledge sharing of employees who are envied by their workmates: A resource perspective. *Social Behavior and Personality*: *An International Journal, 49*(12), 1-11. https://doi.org/10.2224/sbp.10859

Yang, H., & Guo, J. (2023). Disentangling the negative effects of envy on moral decision-making. *Current Psychology, 42*(32), 28493-28504. https://psycnet.apa.org/doi/10.1007/s12144-022-03776-7

Yu, L. T., & Duffy, M. K. (2016). A social-contextual view of envy in organizations: From both envier and envied perspectives. In R. H. Smith, U. Merlone, & M. K. Duffy(Eds.), *Envy at Work and in Organizations*(pp.39-56). Oxford: Oxford University Press.

Zell, A. L., & Exline, J. J. (2010). How does it feel to be outperformed by a"good winner"? Prize sharing and self-deprecating as appeasement strategies. *Basic and Applied Social Psychology, 32*(1), 69-85. https://psycnet.apa.org/doi/10.1080/01973530903540125

Zhang, X. X., Li, Y. X., Chao, X. Y., & Li, Y. L. (2023). Sourness impacts envy and jealousy in Chinese culture. *Psychological Research, 87*(1), 96-107. https://doi.org/10.1007/ s00426-022-01652-4

Zhao, J. J., Xiang, Y. H., Zhao, J. X., Li, Q. Y., Dong, X., & Zhang, W. R. (2020). The relationship between childhood maltreatment and benign/malicious envy among Chinese college students: The mediating role of emotional intelligence. *The Journal of General Psychology*, *147*(3), 277-292. https://doi.org/10.1080/00221309.2020.1743229

Zhong, J., Liu, Y. F., Zhang, E. T., Luo, J. L., & Chen, J. (2013). Individuals' attentional bias toward an envied target's name: An event-related potential study. *Neuroscience Letters*, *550*, 109-114. https://doi.org/10.1016/j.neulet.2013.06.047

Zywica, J., & Danowski, J. (2008). The faces of Facebookers: Investigating social enhancement and social compensation hypotheses; Predicting Facebook™ and offline popularity from sociability and self-esteem, and mapping the meanings of popularity with semantic networks. *Journal of Computer-Mediated Communication*, *14*(1), 1-34. https://psycnet. apa.org/doi/10.1111/j.1083-6101.2008.01429.x

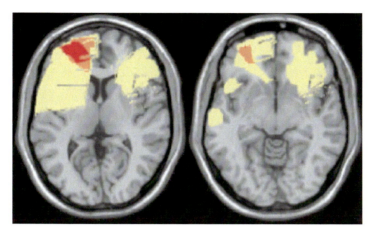

图 6-1　妒忌主要受右侧腹内侧前额叶皮层病变的影响（Shamay-Tsoory et al.，2007）

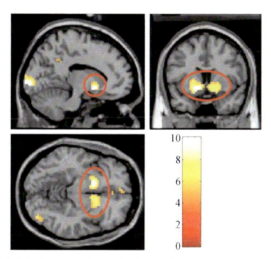

图 6-3　左腹侧纹状体在不同社会比较条件下的激活情况（Fliessbach et al.，2007）

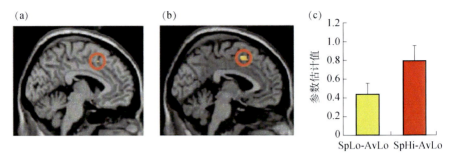

图 6-5　背侧前扣带回皮层在不同条件下的脑激活情况（Takahashi et al.，2009）

注：（a）是指比较竞争者表现优秀且被试相似性低（SpLo）以及竞争者表现普通且被试相似性低（AvLo）的大脑激活情况，即 SpLo-AvLo；（b）是指比较竞争者表现优秀且被试相似性高（SpHi）以及竞争者表现普通且被试相似性低（AvLo）的大脑激活情况，即 SpHi-AvLo；（c）是指 SpHi-AvLo（红色）背侧前扣带回皮层激活程度显著高于 SpLo-AvLo（黄色）（$t=2.56$，$p=0.02$）。误差条表示标准误差

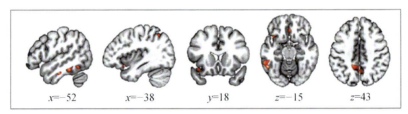

图 6-7　青少年犯罪与妒忌情绪减少呈正相关的脑区（$p<0.001$，未校正），包括颞叶、顶叶、额叶（Franco-O'Byrne et al.，2021）

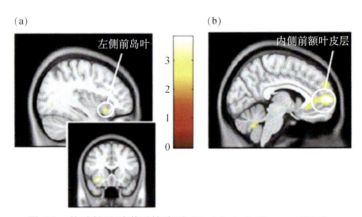

图 6-8　体验妒忌时激活的脑区（Steinbeis & Singer，2014）

注：（a）是体验妒忌时激活的脑区——左侧前岛叶；（b）是体验妒忌时激活的脑区——内侧前额叶皮层

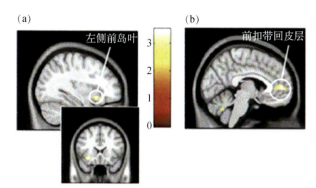

图 6-9　体验妒忌与推测他人妒忌情绪激活的重叠脑区（Steinbeis & Singer，2014）

注：（a）是体验妒忌与推测他人妒忌情绪激活的重叠脑区——左侧前岛叶；（b）是体验妒忌与推测他人妒忌情绪
激活的重叠脑区——前扣带回皮层

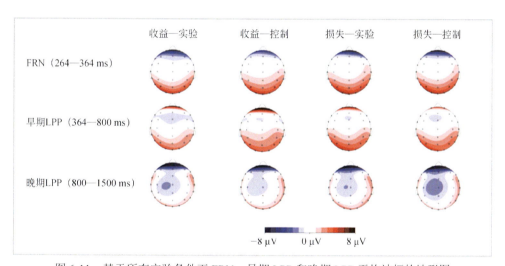

图 6-11　基于所有实验条件下 FRN、早期 LPP 和晚期 LPP 平均波幅的地形图
（Lin & Liang，2021）

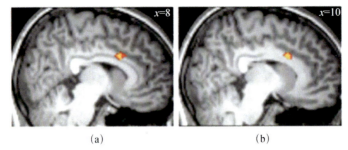

(a)   (b)

图 6-12 GAD1 和 OXTR 基因多态性在全脑范围内对妒忌相关大脑活动的交互作用
（Tanaka et al.，2019）

注：（a）（b）表示在背侧前扣带回皮层中发现了 GAD1 和 OXTR 的交互作用。（a）：$P=4.3\times10^{-2}$，
MNI 坐标为（8，14，30）；（b）：$P=2.8\times10^{-2}$，MNI 坐标为（10，14，28）